DESIGN &
MARKETING

DESIGN &
MARKETING

設計人上場前
要知道的實務應用

DESIGN & MARKETING

除了設計
其他都不會
那怎行！

品牌轉型專家

洪敬富 著

十年磨一劍

認識香尼歐整合行銷執行長洪敬富十多年了，那時他剛離開傳統報系產業有一陣子，開始布局創業。談到對未來的擘劃與願景，他誠懇而實在，可以看得出來，他的內在雖信心十足，談吐卻謙遜有禮。

十多年後，他決定出版《除了設計其他都不會那怎行！設計人上場前要知道的實務應用》一書，再見面時，彼時此刻對他的感覺，竟然「十年如一日」，所不同的是，他想讓業主、設計師、顧問「三贏」的用心與方法，更加得明白與透徹了。

從 2012 年矢志成為室內設計公司的專業顧問以來，洪敬富執行長專注於協助室內設計師擺脫六大缺點，包括：藝術家性格的作祟、管理的問題、業務能力的不足、網路對市場衝擊的因應、品牌打造能力的薄弱，以及媒體判斷能力的欠缺。十年來，他一步一腳印、一案一深耕，累積了可觀且全方位的實務經驗，於今提綱契領，旁徵博引，整理成冊，付梓出版，一定可以嘉惠更多的室內設計師及其相關教育領域的莘莘學子，善盡「傳道、授業、解惑」之功！

Recommended

誠如洪敬富執行長所言：「室內設計產業跟一般企業不同，設計師的創意不能被規範，但流程可以。」因此，本書五大篇章都直指問題的核心，並提出有效的解決對策，篇篇可讀、章章實用。

這五大篇章包括：＜室內設計也有殘酷舞台？！＞、＜一人江湖太孤獨＞、＜專屬室內設計的經營課＞、＜高業績 10 技巧＞，以及＜做出差異別只是喊喊而已！＞等等。

在專業顧問領域上十年磨一劍，是一種始終如一且恆久毅力的具體實踐，而不藏私地出版《除了設計其他都不會那怎行！設計人上場前要知道的實務應用》一書，更展現了「願把金針度與人」的寬闊胸懷。祝賀新書出版洛陽紙貴，祈願所有開者盡皆受益。爰為之序！

聯合報系文化基金會營運長
邱文通

看見亮點 · 創造價值

室內設計發展在台灣應該已經走過半個世紀，從二十世紀後期的星星之火到二十一世紀的百花齊放，室內設計產業也算是見證了台灣的社會經濟起飛與發達，公元兩千年以後的台灣技職教育廣設科技大學，多所科技大學又增設了室內設計科系，設計教育彷彿開始大量且順勢地將台灣室內設計產業，帶向一個顯性發展且多元表現的方向，然而投入室內設計就業市場的也絕非只是單純室內設計或建築科系畢業的學生，因為喜好興趣或覺得進入門檻不高，非本科系的學生或社會人士轉而投身室內設計產業的也不在少數，看似光鮮亮麗蓬勃發展的室內設計產業真的都這麼好嗎？應該還是有許多本質及架構上的問題需要予以改進解決。

室內設計絕對是一個非制式且專業客製化的設計產業，想要成功還有很多工作面向要去加強學習及精進，除了本身必須具備空間專業規劃設計知識技能及思維論述外，還有設計經營管理層面上的方方面面需要被認知釐清，而且更值得被設計師或設計公司

Recommended

經營管理者去鑽研了解，尤其是在現今設計產業競爭劇烈的當下，本書真實剖析當下室內設計產業現況，也誠實中肯的提供設計師們成功的馬步基本功是該如何練出來的，作者更提供專屬室內設計的管理課程及其特殊的經營法則，專屬設計 KPI 的論述執行，更能有效提供設計師在發揮享受設計之餘，也能實質得到在設計案件業績上的成長與整體成就感。

逢甲大學建築專業學院助理教授
中華民國室內裝修專業技術人員學會理事長
陳文亮

你是個人品牌還是企業品牌

你知道室內設計裝修產業是全台灣有客戶糾紛前三名的產業嗎？常常設計師收不到尾款、做案子做到賠錢主要的原因是什麼嗎？

到底設計師們面臨的窘境與難解習題是什麼？

你認為設計師只要有創意跟美感就好了嗎？其他事情都不重要？

細節成就一切，我常常說室內設計就是專案管理，然而專案管理最重要的就是流程管理與溝通，室內設計產業跟一般企業不同，設計師的創意不能被規範，但流程可以，如果流程管理出了問題，往往就會造成工程延宕甚至影響最後驗收導致客戶糾紛，嚴重一點還有可能雙方對簿公堂。

這些都是筆者多年輔導經驗的累積，讓你在瞭解產業真實的情況，為什麼你接的案子往往賺不到錢甚至賠錢，想要減少這類事件的發生就必須要真實面對經營管理上的問題，找尋解決方案，在這本書裡都能得到答案。

Recommended

然而世代改變，過去設計師仰賴轉介也就是口碑行銷，到現在進入網路行銷的時代不懂經營社群也會喪失掉許多機會，因此過去室內設計師往往仰賴個人品牌，但畢竟一個人能夠處理的案件也非常有限，如果無法將個人品牌導入團隊運作，在未來也會面臨發展邊界的問題，所以重視經營管理導入團隊合作，讓個人品牌逐漸成為企業品牌才能更讓企業品牌延續。

整本書架構完整，從設計師該具備哪些基礎能力未能有效提高成交率，到從個人轉型成為品牌的過程當中應該將哪些工作制度化，流程標準化讓組織能夠有效運作在本書裡都能夠得到一些幫助，真心推薦給對於想要從事室內設計師或是打算從個人品牌做轉型的設計師們，相信本書一定能夠讓你們得到相當的助益。

H&D 東稻家居
歐必斯國際家居創辦人
張修元

明明是做設計
卻要懂設計以外的事

「等人介紹，撐得一時；提升管理，爭得一世！」這句話深埋在自己內心多年，與室內設計業互動十多年來，看見有些契機，覺得須立即改變。

多年來，跟設計師閒聊時，多次試圖想看到「主動」與「被動」的模樣。所謂的主動，似乎在產業的世界裡，在意像是「設計趨勢」、「工法探討」、「法律規範」及「國際參賽計畫」等，但以「被動」來說，似乎忘了一件最重要的事，那就是「經營管理」。

也許在一些設計師的內心裡，一方面可能朝向業務能力提升而努力，另一派正朝財務整頓而費心。這些都是管理的一環，但是「定位」兩字，可能就沒有放在自己的規畫之中，它是整間公司的命脈，也是這家事務所能否永續營運的關鍵因素。

另一方面，我們可以看到十年以前的室內設計業，多半以「個人魅力」的方式來經營，但隨著網路科技的成長，年輕世代似乎有派新聲音，他們有著不願面對鏡頭的思維，擁有朝向公司品牌對外的動機，慢慢地願意投資未來計畫，知道自己總有一天要進入管理層，也懂得資源共享的概念，不把同事當成工具人，就是個事業夥伴，甚至是家人般對待。

Preface

要進入室內設計的團隊品牌思維，我們的腦袋也要跟著轉換，成就一個品牌並不一定要花很多錢，而是觀念要有所轉變，要適當的賦權於團隊，而不是握權在自己身上。

在台灣，很少能看到關於產業的經營管理書籍，很明顯地從本科系學生在學期間就沒有這項課程，進入社會後更難取得學習的養分，多半只能從同業口中了解對方如何讓公司更加茁壯。

這本書，統合了我們公司內部十年來與設計公司合作的過程，看見了無數的優點與缺點，藉由書的力量來讓更多從業人員或想踏入這行的朋友們能更清楚，從事室內設計不是只有專業就能站穩腳步，還有包含像行銷、業務、管理層面的剖析，皆攸關您的未來是否能長久經營。

Preface

此書亦感謝一路陪伴我們的設計師以及慶霖智權科技股份有限公司—袁耀慶總經理，提供商標正確觀念及資訊（見 P.78）。

希望看到此書的您，我們就是個緣分，請把這份善循環分享下去。如果您是室內設計經營者，更該分享此書給所有員工，也是一種內部的教育訓練；如果您是即將踏入產業的朋友，除了需花多些時間提升專業，建議看完此書後，再進入行業歷練，正確的觀念會帶你走向更寬廣的道路，一起揭開這深藏已久的神秘面紗！

香尼歐整合行銷執行長

洪敬富

目錄

CHAPTER 1　室內設計也有殘酷舞台？！

入行快、生存難，還很競爭

目錄

CHAPTER 2　一人江湖太孤獨
改善成功路徑的 5 觀念

CHAPTER 3　專屬室內設計的經營課
謀生技能 ≠ 有「管」公司能力

CHAPTER 4　高業績 10 技巧
從接電話那刻開始判斷成交率

目錄

CHAPTER 5　做出差異別只是喊喊而已！
時代、環境變化大，滾動調整才有贏面

室內設計也有
殘酷舞台？！

入行快、生存難，還很競爭

台灣的室內設計公司只有愈開愈多，沒愈來愈少。

想站穩腳步，需懂得活用 3 張王牌，一團戰、二品牌、三半制度營銷管理。

學習關鍵字

知己知彼

室內設計入行概況分析
你天生具備的基本優勢

生態鏈

設計師們向來的
難題與窘境

特殊體質

設計業特別的
管理行銷 SOP

RULE 01

人人都是設計師
你的背景經驗造就第一步穩不穩

唸電機工程、學過 AutoCAD，待過系統家具品牌多時，主要透過 3D 模組圖和促銷手法吸引消費者，接到案件諮詢以新屋裝修為最大宗，成交率頗高，覺得很有成就感，認為自己工作一段時間，不想只是重覆簡單性的設計，希望能做出有突破性的作品並收取設計費，應該可以獨立門戶，卻發現只接到局部裝修案，跟想像不一樣！

會 AutoCAD、有裝修經驗，
不等於獨當一面，
背景經驗是基本含金量，
強化內部管理，補充競爭力是王道。

台灣的室內設計公司愈開愈多，想投身室內設計產業的人也趨之若鶩，雖然入行很簡單，即使非科班出身，連唸電機工程，只去電腦補習班上 3D 繪圖課程，只要取得室內裝修證照就能開業。不過若真是這樣，對念科班畢業的，情何以堪？會不會有那麼點不公平，在室內設計生態，會有所謂的隔行如隔山嗎？不同的工作背景、學經歷、既有專才，成就你的設計團隊背後最基本的含金量，左右成功第一步的穩健力。

●●● 從學科系看入行難易 ●●●

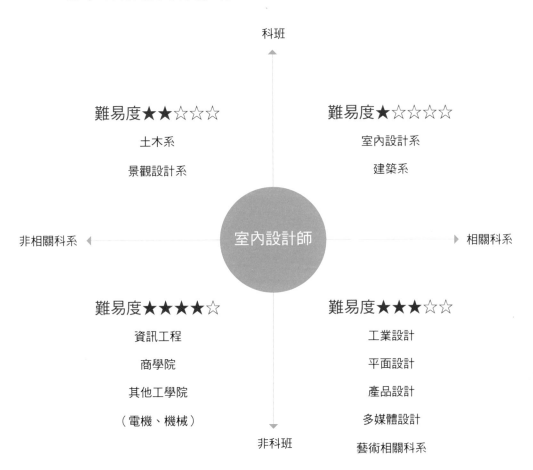

科班

難易度★★☆☆☆

土木系

景觀設計系

難易度★☆☆☆☆

室內設計系

建築系

非相關科系 ◄　　　　室內設計師　　　　► 相關科系

難易度★★★★☆

資訊工程

商學院

其他工學院

（電機、機械）

難易度★★★☆☆

工業設計

平面設計

產品設計

多媒體設計

藝術相關科系

非科班

註：難易度是指執行室內設計的工作範疇，如平面圖規劃、現場裝修工程等，不包含管理、行銷業務等項目。實心星星愈多，表示難度愈高。

● 科班出身贏在實務執行力

有鑑於室內設計在市場上越來越多人可以接受，以及從媒體上感受到進入產業的美好未來，近來不少大學課程從開課視覺傳達、服裝設計等設計科系，增設「室內設計系」。本科系畢業的室內設計師已經受過相當教育訓練，入行時較能清楚裝修細節，知道該如何將消費者需求轉做大家好理解的圖面與執行手法，更容易達成共識。

反觀建築科系畢業的，他們能掌握好房屋結構，未必對室內配置做出得人心的規劃。但你也會發現台灣不少建築師事務所，會再多成立「XXX 室內裝修設計公司」，主因是建築接觸的不僅是房屋結構體，對於室內的表現也有涉略，而這樣的狀況在舊屋翻新案尤其明顯。

我們也觀察到年輕一代的建築師，已慢慢開始從室內設計先進入市場，再帶入建築的觀點角度。

再來，介於室內設計和建築之間的土木工程或景觀設計系畢業的，多半到建築師事務所上班，有些則會到營造公司、室內設計事務所，真要說和本科系的差異，就在於藝術上的教育學程。

有一群設計師履歷上寫著產品、美術設計、藝術等同為設計相關類系別學歷，要進入室內設計並不難，也頗快有成績。因為在校時對於室內空間的配置有簡短的學習歷程，對設計的本質有一定的掌握程度，軟體操作方面也較其他人熟悉，易快速進入狀況。

工程學院背景出來的設計師，在市場上也不計其數，最重要的是他們具有較強的邏輯分析能力，且對於數字的掌握程度業優於他人，這是一般設計師較為缺少的能力值。他們對數字敏感，懂控流程、財務，有助經營，只是「室內設計」的操作實務弱了些。

成功的室內設計師，不是會設計、美學素養優於他人就好，得有強大業務力與管理帶（團）隊能力，科班雖有先天贏面，但這並不代表非科班出身，起步便充滿劣勢，反之，對數字冷感，可能影響財務報表、工班實務控管不佳窘境。

現在的室內設計與過去大大不同，不再依靠單打獨鬥，反而仰仗團隊式營銷管理，如何擷長補短才是成功關鍵。

●●● 科系別在室內設計業的優缺分析 ●●●

科系 / 項目	設計執行	美學涵養	經營管理
室內設計	1. 易系統化出圖。 2. 工種圖面有邏輯，易和工班對接清楚作業流程。	學生時期已受過室內設計的歷史、文化洗禮，對室內的美感優於其他設計同業。	少數院校有針對工程實務做基礎訓練，在經營上的設計溝通有優勢。
建築系	1. 接觸房屋結構，對室內設計也有涉略。 2. 用建築角度看待室內設計，同步結合家具、家飾的經營元素，達到一次滿足的作業方式。	學校教授課程廣泛，已具備建築結構、室內設計、景觀建置、藝術美學等多元的能力及背景。比起美學，更在意使用安全。	遇到的管理問題等同室內設計，對數字的掌握只限於工程面，對財務報表運用陌生。

科系 / 項目	設計執行	美學涵養	美學涵養
土木、景觀設計	1. 主題結構與物理分析有一定認知。 2. 可運用所學的園藝及量測技術，擅長結合自然元素，發揮設計作用。	有基本的美學概念，但對室內設計其他風格較不易掌握精準度。	關於經營管理的學校課程學習較少，實務經驗不完整，管理較吃力。
工業、產品包裝、藝術相關設計科系	1. 常使用軟體，在設計階段的效率比其他人快。 2. 精準掌握出圖的時間點，因而受到許多室內設計公司的喜愛。	即便對室內風格與配置陌生，可到系統家具、室內設計公司上班，進一步學習室內規劃相關經驗。	將自身專業背景附加在規劃空間概念，如商空結合店面形象設計，可做到一條龍服務。
資工科、商學院文學院	室內設計相關知識較陌生，得透過其他管道如學校學程、補教課程，學習相關專業知識。	美學素養全憑個人造詣，扣除自己喜好興趣外，還需透過其他領域提升。	對數字與文字組合較有概念，行銷上可善用這些能力來補足空間規劃專業的不足。

● 相關行業轉型快但缺升級力

從行業別的變數來看，頗常見到室內設計周邊相關產業轉型，起初是為擴大服務而增加設計裝修服務，進而變得有規模體系。好比系統櫃廠商、家具家飾行、各式工班等，邁向轉型之路。這其中不乏二代接班調整內部體質。

01 二代接班轉型→ 這種狀況在國內很常見，父執輩為施工工班起家，希望未來兒女可以承接家業，而去進修建築或室內設計相關學識，接班時轉型為室內設計公司。

02 工程出身找有牌設計師合作→ 因常接到建商、室內設計公司轉發的案子，長久以來沒有收到設計費，而監工費又常被砍價，受到諸多牽制且無法成長，進而產生轉型念頭，找了設計師股東，合資一家新公司。

03 系統櫃業種增加營業項目→ 系統櫃主要分為三種：第一種為品牌端，主要跟代工廠合作出貨；第二種為製造端，內部配有業務人員進攻市場並擁有自有工班，常會跟室內設計師合作；第三種為單幫端，曾經在系統櫃工廠待過，後來自己成立工作室型態，自身組織施工團隊，原料部分跟工廠方合作。從單純提供系統櫃單品到完整裝修服務。一些家具家飾廠商也是走這類模式，由單一商品轉型一條龍作業。

04 統包工種轉型→ 有些人本業是負責單一工種，好比泥作或水電工班，因進行裝修案件時會與其他工種相識，故結合起來當統包商，從單一工種延伸包辦所有工種工程，也有些是只有業務能力，對於室內設計業有興趣，具有與業主溝通能力，進而身兼統包，這類型較少收設計費，甚至沒有出圖便進行裝修。

不過這類室內設計師，轉行雖然輕鬆許多，但想要再升級、讓客群往上走有一定的難度。一來，業主的裝修總預算無法拉高，二則設計費怕得半買半相送，甚至得用零設計費來「招商」。另外，室內設計業頗注重美學涵養，空有技術底子，但缺乏藝術美感，所規劃施工出來的成品未必符合期待，這又會引起另一波糾紛。

●●● 相 關 行 業 跳 轉 室 內 設 計 條 件 ●●●

二代接班轉型
　　　　　已有工班知識與技能，
　　　　　差補足室內設計證照
　　　　　　　　　　　　　　　　　　開設
　　　　　　　　　　　　　　　　　室內設計公司

與有牌設計師合作
　　施工單位轉型，和有設計證照合資

統包轉型
　　統包商升級，不再只做前端工程，
　　觸角延伸到設計面

一條龍服務

家具、系統櫃廠商擴大經營

管理筆記

表格表單增加專業認同

多用表格與表單的模式，除能讓自己的專業能力獲得業主認同，更能讓對方清楚了解從設計到施工面向的執行流程及時間點。舉例來說，採用「工作期程表」、「材料質量表」等表單，即可增強選料過程或各項施工期程的順序點，同時幫助自己記錄，減少雙方的糾紛認知。

● 憑喜好經驗入行的素人差在專業力

也有人是有過裝修經驗，自覺在圖面設計階段有規劃能力，只是把工程交付給工班師傅即可，因此認為自己可以當設計師，可以成立設計工作室。

我會稱這類型室內設計師為素人設計師，他們本身或許具備繪圖能力，對軟體操作有一定概念，亦可能不會軟體，憑藉一身美感雷達，跑去短期補習好考取證照，比起其他有相關背景經驗者，開業風險高出許多。

風險 **01** → 不熟工班銜接，流程不易控管。

風險 **02** → 對工程施作的細節一知半解，影響裝修品質與尾款收齊與否。

風險 **03** → 對於各項材料特性，使用的工法、對空間所產生的影響，專業知識有待商榷與能否明確說明，並避免使用不適合的執行方式。

風險 **04** → 對空間比例、人體工學的拿捏，敏感度比科班底子低，影響實際規劃。

無論怎麼進入室內設計這一行，基本門檻就是考取證照，用證照先篩選一輪基本的專業知識，後續就看個人的執行力和管理行銷作為，做好優劣分析，看懂自己擁有特質，投入適度營銷，讓這行業可做得長久，甚至有所成長。

建築物室內裝修工程管理乙級考試

室內設計國家考照有二，建築物室內設計乙級與建築物室內裝修工程管理乙級，能擁有兩張證照再好不過，但想成立 OO 室內裝修公司，得有「裝修工程」管理工程乙級證照，而光有室內設計乙級證照，只能純做設計，卻不能進行天花板、隔間牆重造等裝修工程。所以建議優先考取建築物室內裝修工程管理乙級。

Strength
優勢

▶ ▶ ▶

1. 收入水準高
2. 就業機制靈活
3. 美學素養較充足

Weaknesses
劣勢

▶ ▶ ▶

1. 難以建立公司品牌
2. 無媒體分析能力

SWOT
競爭力

Opportunities
機會

▶ ▶ ▶

1. 景氣影響二手屋活絡
2. 各地建案不斷增加
3. 人民的生活條件提高

Threats
威脅

▶ ▶ ▶

1. 比價比圖猖狂
2. 行業入門檻低
3. 市場價格無一定標準

管
理
筆
記

經驗過少做老屋案易遇糾紛

許多大學室內設計科系會在大二安排學生到外界事務所實習,利用工地現場監工的機會體驗產業,非科班的經驗值初期容易不足,特別是只接觸新屋裝修,遇到老屋翻修,容易摸不清結構屋況,產生糾紛,甚至影響施工進度拿捏與工程成本難控問題。

經營瓶頸百年沒變過
改變傳統管理模式才有更多成交

夫妻胼手協力開工作室,深信只要專業度夠,自有一片天。剛開始的兩三年靠著親朋好友推薦轉介,承接案多成績頗優,讓兩人信心十足,可好景不常,業績逐年下滑,警覺專業不是問題,投了網路廣告成交設計案又常無疾而終,究竟是哪環節出了岔。

靠感覺工作最不靠譜,
流程制度化方能優化績效。

以五、六年級這一代的設計師來說，二十年前多半是舊客戶轉介而來，只要案件處理得好，不必推銷，很快就有下一個案件進來，當同層客戶飽和，轉向新客源時，設計師顯然有感和客戶在溝通認知上有些許落差，對「順利成交」與否，愈來愈沒十足把握，開始出現瓶頸。

瓶頸 **01** → 消費者尋求設計師，從原本「找人介紹」，轉變成「網路找尋」，會自行評估設計公司好壞評價。

瓶頸 **02** → 找設計師前，已有主觀意識，先蒐集自己喜愛的圖片，再跟設計公司聯絡。

瓶頸 **03** → 年輕一代的消費者喜歡的風格、對處理流程有一套己見，資深設計師風格不易跟上，影響溝通成效。

這些瓶頸相對促使成交率折損，讓中堅設計師在到底要退休，還是繼續耕耘之間擺盪，猶疑下一步該如何是好。進而把苗頭指向行銷，以為是行銷做得不夠或弄錯方向，盲目提高廣告預算，出來的效果卻不如人意，忘了行銷與管理並進的重要性。

管理筆記 個人型公司不利內部信任度建立

從個人角度發展的設計師，雖然外在專業形象備受肯定，消費者慕名而來，在能力許可範圍，服務自然盡心盡力，連 20 年前的老客戶都還會相邀聚餐、旅遊。但過度著重個人魅力，消費者不易信任陌生設計者；更怕教育員工太多專業知識，或是接觸到太多公司的客戶，進而影響到公司未來的發展方向，與同事間處在一種不信任的狀態，導致公司內部的上班氛圍越來越詭譎。

● 團戰取代個人行銷的管理思維

不管是新創或資歷已久的設計公司,若是不懂行銷,設計師便很難接觸到新的客源族群。但對比七、八年級這一代的設計師,他們較知道這個產業的缺口,分辨得出「個人魅力行銷」與「團隊運作」經營模式差異,漸往團戰靠攏,思維上必須有所改變:

思維 **01** → 建立團隊的品牌形象,不是創造個人魅力。

思維 **02** → 把和客戶間的溝通行為具體化。

思維 **03** → 與客戶對談內容或詢問事項盡量準確提出人事時地物,減少模糊字眼。

思維 **04** → 重視團隊運作,將教育訓練帶入團隊,當內部擁有完善的運作機制,不用怕同事會將公司客戶帶走,反而更可以讓客戶在交屋後還能體驗到被照護的感受。

● 好管理帶來成交力

綜合經驗與觀察,室內設計產業最缺的並不是「案件來源」,而是「成交能力」。一位專業技術人員,不僅要會畫圖及跑工地,更要懂得現在年輕人的胃口,如何在消費者還沒接觸前,在網路上就已做好前置作業,如官網、FB、國際參賽等計畫,讓對方在第一時間接觸時就有好感,再行意願接觸自己,值得好好思考。

透過經營管理能管控時間成本、售後服務、媒體行銷等面向,進而提升毛利、成交率及案件接觸率,不單單只有業務成交,才會有更好的未來,讓設計公司走向永續經營。

方法 **01** → 員工一開始上班,應告知公司運作模式,但多半口頭告知,容易遺漏重要

資訊，可改為紙本方式，有所憑據，員工可隨時參考，不用一直問旁人，也能減少不必要的失誤。

方法 **02** → 固定時間開會，定期邀請專業工班或有經驗的材料商幫同事、員工上課，加強技術知識。

方法 **03** → 除了主持設計師，讓其他同事、設計者也有曝光機會。

方法 **04** → 建立良善售後服務機制，不怕客戶出走。

●●● 優 質 管 理 關 鍵 ●●●

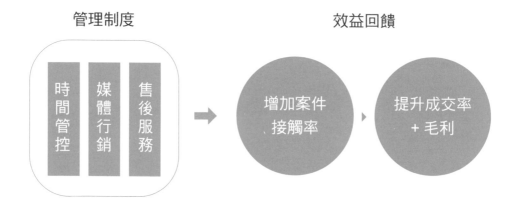

優化制度提升高設計費競爭力

隨中產階級消失，同時面臨物價高漲，價低案件增多，高價裝修案變少，形成粥多僧少現象，預算要突破 300 至 500 萬的臨界點還真的有些困難。若不是建材等級走向高檔，就是設計費用要到一定等級，唯有優化內部的經營管理，才有機會重返光明。

傳統商管在乎流程制度
室內設計自有一套彈性經營學

不想走前東家 10 多年來靠統包、客戶轉介模式營運，認定走品牌化才能永續經營，所以花大錢上了很多經營管理、心靈激勵、企管課程，是對個人成長有幫助，卻對成立設計公司沒什麼助益。

室內設計賣人力不是賣設備，
傳統管顧負責基礎制度訂立就好。

既然知道管理重要性，有心人積極點先花個數萬元學費，跑去上經營管理課程，或者自己仍專注設計執行，找能談產業經營的顧問公司協助，但普遍到最後會得到「好像不太管用」感想。這是因為室內設計產業和一般企業不同，設計師的創意無法被規範，只有流程可以比照傳統管理經營給予制度規範。

● 員工少、無歷史資料參考比對讓管理無效

一般室內設計公司員工數偏少，多5人以內體制，如果由傳統管顧調整體質與切割部門，那不就是一人稱為「設計總監」，一人稱為「工務總監」，一人稱為「行銷或業務總監」，再一人稱為「行政或財務總監」，而最後一人可能就會擔任助理角色。就管理層面來說，如果由傳統管顧介入調整公司體質，是按職務高低層級來調配正確管理策略，但室內設計公司員工人數少，反而不利正確協助內部管理。

不過抬頭職銜拉高層級，卻是對行銷業務有益，有利公司對外推廣。

而傳統管顧要進入公司了解經營狀況，其中一件事會了解「資產負債表」及「損益表」，初步評估這家公司是否有狀況。這些資料僅能協助公司處理局部困境，若要深入協助公司的未來發展，更重要的是要有「數據資料」，如果沒有過往輔導其他同業的細節資訊，就很難進入產業改革及轉變。

絕大多數小型室內設計公司是沒有做資產負債表與損益表的習慣，自己對這方面也缺乏專業知識，一來覺得沒需要，二則每月要請專業會計事務所整理負債損益表，又要花費不少錢，乾脆能省則省，配合的會計財務，至多記帳，但孰不知當你有增資需要，

或是需向銀行借貸增加現金流量時，所憑的參考數據便是資產損益等專業財務表格。

短期，或許可不用考慮到財務報表，不過想長期經營，資產負債表和損益表是有助判斷公司管理有無失當。而且設計師們最好要建立良好財務觀念，平常的支出消費叫做帳務，涉及營收成本應用稱之財務，帳務與財務制度必須健全，不能只有自己知道盈虧，不然對公司營運不利。

● 設計產業適合固定制度管理搭配彈性作業

那麼怎樣的管顧方式才適合室內設計產業呢？每家室內設計公司都有其獨特的特色，屬另類服務業，同套管理 SOP 未必人人好用，更不宜以精準數字來管理及訂定標準，應該是如同服務業般，因應不同需求提供室內設計公司方案，諸如在行政管理、財務、客戶會談 SOP、工程與設計等，有限度制定規範準則是不可變動，在範圍性進行討論，給予更多彈性作業空間，讓員工自主管理。而且制度管理必須和行銷策略並行，才能起作用。

01 標準點量身定做避免作業亂套→ 將圖象化轉為文字化，以交圖為例，除了訂立交圖的時間點，也要將交圖的流程明確條列，包含整合圖面上的使用記號，方便所有人畫圖時統一圖標，避免發生 A 設計人員畫的圖到了其他人手上就看不懂的狀況。

02 管流程不管創意美學發揮→ 室內設計需要大量創意發想，因此管理只要以規範基本流程為主，其餘與創意、美感有關的部分則不需刻意給予設限。

RULE 04

以為降價可以救業績
最大獲利關鍵是有效整合人力資源

家裡是木工起家，設計師算從小耳濡目染，跟在長輩身邊學，對相關工法技術有一定專業度。不過老一輩的客源多衝著價格親民而來，再配合平台外包，雖然利潤不高，但案件多，一年評估有 5 千萬營業額，成績應該不錯，可最後攤提年底結算，竟倒虧一成。

1 設 2 證 3 信任，
先訂好設計與監工工程費，
再用其他案件作品佐證，
增加消費者信任。

上述案例傾向低價搶市，嘗試用薄利多銷，以量來衝高總獲利。或利用週年活動、裝修旺季來個名目，祭出優惠方案，刺激成交量，更有一派作法是，當面臨經營難題，業績開始下滑，盤算著在價格上調整，給予折扣優惠攬客，好維持預定年收益。但設計賣的不是能大量生產的材料，千萬不要以低價促銷來做為賣點。

● 打優惠價只是帳面好看

常常和設計公司開會時，會感受到對方很忙的樣子，絲毫沒有休息時間，表面上看起來很賺錢，但實際上所賺的錢正在繳付貸款或是貨款支付使用。如同本案例分享，初看進帳年收有數千萬，年底攤提後，才發現獲利不如預期。也就是，設計公司每年能接的案量有限，設定的毛利要是沒有控制得當，公司一年來的辛苦，終將功虧一簣。

真想增加營收，室內設計業當真絕對不能有折扣優惠的行銷手段嗎？那路上不也有人掛布條做促銷？連設計費都能打折。試想，當一間設計公司只有夫妻兩人的時候，假設一年最多只可接 10 到 15 個全室裝修案，當一個案子毛利率想抓在 30%，但因做了促銷活動，降到 15 至 20%，這時是不是下一個案子的毛利必須提升到 40% 左右，才能彌補前段利潤缺口呢？那你仍覺打優惠價是有利？

降價促銷會破壞消費觀感

設計，無從比較，每個作品有其獨一無二，可算是設計師的智慧財產，也是創意結晶，一用促銷優惠手法，不只自貶身價，可能危害品牌價值建立，日後設計費與監工費升級設定不利。真要促銷，可搭配事件行銷，取消丈量費用，但非一味降低設計費或工程費，一旦促銷，客源不僅難升級，更會影響消費者對其品牌高度的期待，會想等待降價時才來找設計師。

● 非量化產業不能以量計價

由機器設備所產出，需要多少數量皆可從廠房生產的量產化產業，如：建材、系統櫃，可以用數量、投入材料成本來計價，不過室內設計是非量產化行業，重視人力資源，必須依靠「人」才能完成的產業，相對它的價值不能單用量化數字來衡量。

舉例來說，像是裝修中常見的導角，雖然建材本身已有切角，產品售價成本昭然若揭，但導角的弧度起伏、角度大小、曲線彎折，需仰賴設計師和工班師傅調整最佳呈現，把第一線建材物料，轉型成空間最佳樣貌，後者才是設計師提供的真正商品，這些需要「人力」後天整合處理，正是室內設計非量化的價值之一。

● 配套式設計施工快增加案量但不等於優惠戰

諒必你也想問部分設計師提出「配套式設計」，讓裝修可以快速進行，縮短工程期，不僅提高案量更保有設計和利潤，這不也是另類優惠戰？

外界的配套措施通常分成兩類。一是施工端的模組，避開早期全現場施作會拉長施工期，將部分作業提前在工廠加工，現場組裝簡化時間與程序。另個則是設計面的模組，也就是俗稱的「套餐方案」，在一樣的大架構設計下，僅提供最基本款的配置，相對設計師與消費者端都須承擔部分風險。

風險 01 → 呈現出來的空間，缺乏獨特性，容易變成「你家就是我家」。

風險 02 → 業主想升級更好的建材或設備，就須往上追加預算。

風險 03 → 模組化會因每批進貨的材質顏色、價格,和業主產生糾紛或不愉快。

風險 04 → 案量要達一定數量,才有利潤空間。

創造產物(設計作品)獨特性,才可以藉著提升品牌價值,進階逐步調升設計費與工程監工管理費,讓公司的運作達到穩定狀態。但「獨特性」到底是什麼?我們可從設計和服務兩層級來看:

01 創造設計獨到面→ 能全方位考量,貼心考慮到所有環境中的使用者需求,不僅是家人成員,連毛小孩也顧及到的通用設計;運用自己的藝術美學,滿足業主想要的不同風格氛圍,讓空間美感升級。

02 增值性軟服務→ 創造情感體驗,實踐在空間創作中,或裝修後提供意想不到的售後服務。像是外面買不到的手作巧思放入設計細節、送屋主自己繪製的畫作做為入厝禮、住後贈送居家清潔服務,或協助商業空間的店家尋找行銷資源幫忙推廣宣傳。

●●● 走質不走量的品牌助益 ●●●

RULE 05

前中後制度規範沒配套
小心變相糾紛找上門

已屆退休之齡的屋主，平常沒事就跑工地巡視，意外從師傅口中得知設計師還很年輕，有些地方仍須學習，又當數次發現設計師沒在現場，誤以為沒盡心監工，從原本對設計師相當信任，漸有了疑心，動不動提出質疑，讓收尾格外不順。

落實工地制度規範，

避免節外生枝。

事前合作說明書文字化告知施工流程，

勝過百口莫辯。

該案例看到室內設計向來難解的習題。和屋主溝通從彼此尊重專業到互不信任,中間如此戲劇轉折,過於莫名,再來,工班師傅無心之過,設計師平白蒙受「冤情」,讓合作過程爭議瑕疵不斷,最糟糕的下場也就是設計師最不願的噩夢 — 尾款收不到。

過多尾款難收或延滯,會影響現金流周轉不靈,容易導致負債,想避免,得靠完善制度流程來解決。

● 裝修前中後都有必做任務

為了與業主在設計過程中能有好的開始和結尾,除了要有良好的溝通,在裝修前、中、後也有一定要說清楚、講明白,與業主溝通不怕提醒太多次,就怕忘了講,務求雙方理解並達成共識的階段性任務。

01 事前預告評估→ 有的業主會告訴設計師,因為租屋合約到期,所以急著一個月後就要入住新家,但你我都知道,光是前期討論、畫設計圖的時間就會超過一個月,設計師評估後應該明確告知業主無法實行,不硬接明知不可行的任務,直接擋住糾紛。

開案前必備合作說明書

屋主其實很喜歡「突擊」工地,看師傅、設計師現場狀況,怕被偷吃步,但這樣反影響工程進度,甚至製造工安問題。會建議設計師在開案前備妥合作說明書,現場逐條說明內容,什麼可行或不可行,即便想前往現場,也要事先與設計師聯繫。

02 事中修正補充→ 當裝修已在進行中，若有需要修正的地方、追加的工程或建材等，應當下準備好項目條列清楚的追加單給業主，並補充說明修正設計、追加的原因，讓業主理解同意，千萬別等最後再來補報價，避免日後可能發生認知不同的誤會。

03 事後服務執行→ 裝修完成後的售後服務會做到哪些事項，應該要列舉清楚讓業主了解，設計公司也要確實做到這些允諾的售後服務項目，落實執行讓雙方有一個 happy ending。但可做的項目最好也在一開始便文字說明，有所依據。

● 合約內容要減少模糊空間

接下來的章節，我們會細談合作備忘錄（簽約之前）與合約用途及制訂方式，這裡僅述合約內容的重要性。抽絲剝繭每個設計師糾紛大魔王，多數栽在驗收卡關以致尾款收不到，問題關鍵可能就在合約太過草率。

曾遇過設計公司為了增取客戶信任，趕緊簽約，進而在合約內標註一條：「工程裝修之尾款，業主方可於開始入住後一個月後給付。」要知道許多屋主在入住後，可能因為私人物品的放置過程中，產生碰撞或是毀損，雙方並無共同在場證明，無法釐清是誰的責任。

如若把這條內容謹慎改為：「總驗收當天若雙方驗收無誤，業主方請於一週內給付工程尾款，公司將於三天內給付房屋保固書乙份。」或許可減少雙方爭議。

● 工班也要有合作說明

一個設計師的養成並不容易,要認識多少工班團隊、材料商才能把案子發揮到淋漓盡致?然而,好的工班帶設計師上天堂,不好的工班帶設計師對簿公堂。

最常聽到師傅認為設計師畫出來的圖面不一定可以施工,但設計者卻認為是工班經驗不足,過往團隊就可以,為什麼現在就不行,雙方在爭執下,成了工程糾紛的起因。不然就是到了裝修旺季,之前所合作的裝修師傅一個月前可能就要預約,不可能隨叫隨到,導致工期延宕或無法進行售後服務,此時設計師與業主在合約內有保固一年的共識,那真的就很難說清楚。

其實面對工班跟面對業主一樣,事前達成合作共識,後面做起事來就能減少很多問題,例如:在開工前先將注意事項列入合作說明書,像是若要抽菸請到一樓,不得在業主屋內、不得使用屋內廁所等;另外也可以簽署簡易合約,協調好完工保固需參與,也明訂免費維修的次數、購買材料費用需另計等,保障雙方權益。

管
理
筆
記

工班轉介養成

通常設計公司的工班,多半是先前認識的團隊,或經由團隊轉介而來,在無信任感的情況下,多半設計師並不敢合作。往往需要配合幾個案場後,才會固定。不過現在缺工嚴重,建議同一工種備妥 3 組工班,可自由調配,或者與同業培養友好關係,由其幫忙轉介。

RULE 06 個人色彩宣傳行銷很有效？！這是短利短視作法

老派設計師深信要跟客戶面對面才可能成交，10 多年來皆如此，不把品牌經營當回事，對官網、社群一直保持可有可無心態。可隨著數位社群崛起，才想跟上潮流，用 Line、FB 對外溝通，只不過久久才貼文曝光，輾轉聽到有人想尋求合作，竟然因為網路看不到像樣作品，搜尋不到相關資料，故而打消合作念頭。

上網查資料就是在檢查公司評價，
資料愈多，信任感就愈深，
成交率也愈大。

室內設計的經營不少是觀念問題與執行策略上的調整。常犯的迷思不外乎品牌與個人魅力的拿捏。

用個人來面對媒體說話,認為這樣較有溫度,這並非不可;初期或許迴響高,時日一久,易走向不穩定的發展。甚者我們還輔導過設計師,其主觀認為建公司品牌之前,先建立個人形象,待有點規模後,再來轉型。

問題在於當消費者已認定設計師的定位,那之後要如何轉型為公司形象對外?得要經歷多久後才能開始?建議設計師在經營初始要設定方向時就要清楚要的是什麼,定位明確對於市場的運作是件很重要的事。

● 品牌曝光取代個人光環

品牌化跟成交金額高低無關,跟消費者認同有關。公司案子已經接不完了,何必還要花時間、金錢做 branding 呢?室內設計真的能品牌化嗎?首先要了解案子多不等於品牌化,案子多靠的是人際關係,消費者找的是設計師這個人,而不是因為認識品牌。

再來是案子多不等於獲利好,不少案子很多的設計公司往往並沒有賺到錢,唯有當消費者認同品牌,設計師才有機會從第一線退居幕後進入管理層,也才有時間、空間、精力將品牌操作得更好,讓公司能夠永續經營,這就是為什麼要品牌化的原因。可發現近來的設計團隊年齡層已站上八年級的世代,比起過往更可感受到這世代對於人與人的互動關係變得有些不一樣,從線下的社團接觸,慢慢地轉向線上談論設計所帶給人們的生活意義。同時也發現從前的設計公司在媒體曝光上,多半以個人大頭像或案件成品照為主,現在卻逐漸轉為以公司 LOGO 曝光,將個人光環引領至企業品牌形象。

● 品牌定位拉開同業差距

品牌化要怎麼做？最重要的就是要拉開與同業的差距，而這個差距就來自於品牌定位，要先確立公司接案是以住家空間為主，還是以商業空間為主，非常不建議以單一設計風格為定位，以免過於侷限。

讓消費者對品牌有所識別，進一步認識品牌特色，成為忠實粉絲；再來則是找到適合的切入點，例如：住宅空間以提升心靈成長為方向，商業空間以增加獲利為方向，設計公司可以透過舉辦相關講座與消費者有更緊密的接觸。

品牌化不等於要花大錢買廣告

決定要品牌化後，請不要急著花錢買廣告，求更多曝光，提升品牌能見度，免得花一大筆行銷預算，卻發現不如預期，甚至無痛效益，不禁對品牌化產生懷疑。年度廣告預算會建議抓年度總營業額的 3 至 5%。

CHAPTER 2

一人江湖
太孤獨

改善成功路徑的 5 觀念

設計公司最容易犯的毛病是推銷「這位設計師」有多棒，

忘了說明「我們團隊」可以為業主做什麼的「信仰」，後者才是決定成功的唯一路徑。

要如何把訊息確實有效傳遞出去，獲得相對反饋，

先從品牌成立、簡介介紹到行銷手法選擇等觀念迷思釐清開始。

學習關鍵字

資訊量整理
· 品牌定位確立
· 公司簡介製作

品牌價值塑造
· 訂立階段目標
· 國際競賽獲獎當加分題

整合行銷布局
· 評估媒體屬性優缺
· 階段性媒體策略擬定
· 控管行銷預算

To Start a Business that Works.

RULE 01

公司簡介是最佳名片
創造記憶點、好感度、信任感

公司沒架設官方網站,覺得現在的人喜歡從 FB 找資訊,所以相信把作品照片放到 FB 就會有人找上門。但設計師只會畫圖,最弱的一環便是明知道訴求是用樸實簡單的風格來打動人,讓生活可以透過設計回歸純真,如此簡單的主軸精神,卻寫不出來,還得透過第三人處理!

從關鍵字發想價值,
搭配公司 lookbook 贈送,
同時一定要說明介紹,
提供品牌溫度,讓消費者更有感。

在室內設計公司的介紹中常會看到像下列幾段文字：

「從無形的設計概念轉為有形，完成夢想家園。」

「統合幾何邏輯，從點線面逐步發展而出。」

「以陽光、空氣、水之元素，為室內打造會動的空間生命。」

「捕捉人跟空間的對應關係，進而轉繹所需的生活型態。」

這些文字很美，用在詮釋室內設計公司的價值，看起來好像不錯，卻少了對團隊發展面向的承諾與態度，企業高度似乎有些薄弱，如果加入近中遠程的發展想法、對永續經營的思維及重視社會回饋的相關議題，其實可以讓品牌好感度提升。

● 價值、優勢與差異性左右消費者三觀

好的簡介，也就是型錄 lookbook，一開始可清楚表明自己公司要傳達的風格語調性，接下來則簡述公司名字由來，思考與內部經營上有那些關聯性，隨後可談到與其他同業差異性與強項優勢，讓消費者感受到要尋找你合作的最佳理由。

內容 01 →公司名字的意義性

不管怎麼命名，請賦予它意義，讓它代表公司精神與理念初衷。

內容 02 →團隊核心價值

無論公司在初創期、成長期、成熟期甚至老化期，核心價值不可任性「調整」，其中涵蓋你的服務模式、團隊背景、永續經營理念等等。

內容 03 →合作的絕對優勢

自己擁有的優點和同業提供服務上的優化差異比較，是有異曲同工之妙。意即這項服務或特色只有本公司獨到或較有利，好比團隊有設計、工程等背景出身，能力技術面自然比他人強，或者開發客戶專用 App 採線上服務、在交屋後主動定期關心業主入住後的使用狀況等。

內容 04 →與同業間的差異性

一樣的服務，但你的公司會比他人作法不同甚至更貼心周到，讓消費者信任度提高。例如：當工程發生缺工狀況時，是否能找到外部支援；在與業主進行每次會議時，是否會提供會議紀錄等。

型錄簡介 1 年以上定期更新

對許多室內設計師來說，畫設計圖遠比寫文字來得簡單太多，認為口頭說明綽綽有餘，無需浪費時間、金錢，孰不知型錄的存在能否幫公司爭取到：

1. 消費者易產生記憶點

2. 友善宣傳自己團隊價值

3. 有效提升好感度

建議公司 lookbook 簡介可至少 1 年以上再行替換局部內容，畢竟作品要保持更新才能吸引時下消費者目光。但若更新太過頻繁，則成本過高，不利經營。

內容 05 →團隊學經歷背景

當你的團隊有非本科系畢業時，請思考從自身背景優勢如何發揮最大效益，在設計領域之外提供更多專業和服務。

內容 06 → 公司未來展望

一般公司簡介很少提到公司未來展望，原因出自設計公司員工數較少，多數背景是設計相關科系出身，少了管理經歷，或許不在意未來展望如何，它未必能百分百帶來案源，但以陌生消費者來說，若能看到公司有規劃短中長期展望，會覺該公司制度完整，建立第一步信任。而所謂的短中長程規劃，可分 3、6、10 年歷程，階段性布局，聚焦公司永續經營的準備。

●●● 幫忙加分的展望規劃建議 ●●●

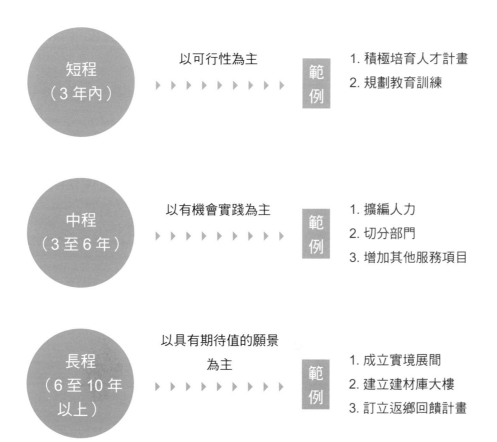

短程
（3 年內）

以可行性為主

範例

1. 積極培育人才計畫
2. 規劃教育訓練

中程
（3 至 6 年）

以有機會實踐為主

範例

1. 擴編人力
2. 切分部門
3. 增加其他服務項目

長程
（6 至 10 年
以上）

以具有期待值的願景
為主

範例

1. 成立實境展間
2. 建立建材庫大樓
3. 訂立返鄉回饋計畫

● 解說作業流程可加強信任感

當介紹好公司後，第二階段可以單刀直入 — 速講作業流程。千萬別覺得沒必要，更別怕講太詳細，擔心會因此嚇跑業主。與消費者初次接觸，能透過簡單扼要的文字重點，快速讓對方了解公司內部的作業程序，可加速後續作業時間、降低糾紛，而且事先說明，開誠布公，減少猜忌，讓消費者覺得自己不會吃虧，這樣不也很好嗎？

●●● 基本作業流程表 ●●●

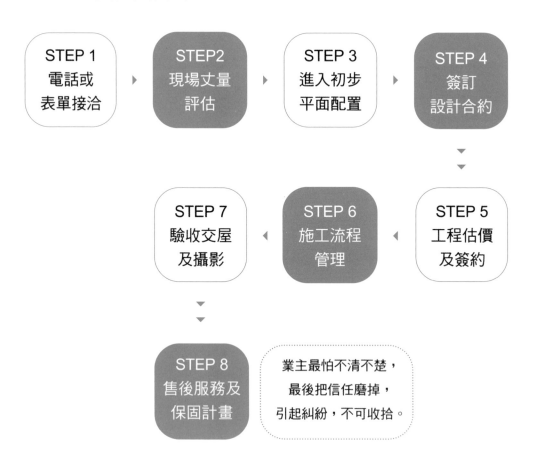

STEP 1 電話或表單接洽 ▸ STEP2 現場丈量評估 ▸ STEP 3 進入初步平面配置 ▸ STEP 4 簽訂設計合約

STEP 7 驗收交屋及攝影 ◂ STEP 6 施工流程管理 ◂ STEP 5 工程估價及簽約

STEP 8 售後服務及保固計畫

業主最怕不清不楚，最後把信任磨掉，引起糾紛，不可收拾。

● 案例介紹的分類法引導想加深的記憶點

要博取消費者認同,等同實力的作品介紹會是公司型錄簡介重中之重的內容,但這讓設計師苦惱 ─ 要放多少案例才好?畢竟版面有限,特別是本身已有很多作品的,請勿亂槍打鳥,先看看自己所做的案件裡,是否有住家及商業空間,並且以住家案為主,再來決定挑選哪幾個當代表。不同的分類會產生不同的記憶點,我們以住家案為例。

分類 **01** →坪數大小→→實證經驗多寡

不管是 15、40、80 坪,以空間大小來做分類,讓消費者感受到設計師從小宅到大型住宅皆有經驗。

分類 **02** →裝修預算→→可替屋主找合適方案

依照不同價格如 50 萬、150 萬、300 萬、500 萬等做分享,讓預算不足的客戶見到有適合的解決方案,同時遇到高預算的業主,也可使對方看見自身的執行實力。

分類 **03** →新成屋或中古屋→→佐證專業力

舊屋翻新並不是初階的設計師所能完成,當中牽扯到拆除、隔間等專業技術,可藉此表達擁有證照或是具有多年執業經驗的戰力,讓業主感受到設計師的專業程度。

(管)(理)(筆)(記)

業主感謝函可以激活好感

第三方的力量還有個隱藏版的小秘訣,就是過往業主所填寫過的「感謝函」。在案件執行中,經對方感受所寫出來的肺腑之言,能進一步讓正在洽談的消費者更加感受到團隊所帶來的溫度,這絕對是最有價值的推薦工具。

單一式風格，可以看出設計師對其熟稔專業度，若為不同風格作品，可表現出自己對於風格並不受限，可為每個業主量身打造不同的使用環境。

兩案或三案型介紹即可

根據設計師在住家和商空案件比例來分項介紹，可用兩個案例或三案型作法。

兩案型→兩者各放一個代表，若都是純住家或商空，讓客戶看到多元呈現方式，否則會誤認公司只做單方面設計。

三案型→依想給消費者的曝光方式來進行，例如「兩住家一商空」或「兩商空一住家」，又或「一住一商一住」或「一商一住一商」。

階段性擴散品牌價值
先媒體網路撒網再求獎項加持

才成立半年，便接到不少好案子，心想請攝影拍攝空間作品，拿去參加國際競賽，可以為自己加分。果然順利獲獎鍍金，不少媒體主動找上門報導，曝光知名度超乎預期。按理，業績也該跟著水漲船高，但意外演變反效果，案子並未因此跟著變多，原來消費者擔心得獎過的設計師會很貴，反而不敢聯絡接洽。

太快投入國際型競賽，容易製造距離感，先用媒體報導當橋樑，網路渲染效力，加速提升信任度。

有設計師把作品得獎看成設計生涯的一大里程碑，選在剛草創起步，一拿到好案子，便努力投稿參加國際比賽，而且認定獎項加持之下，客戶會聞「金」而來，往後也能利用鍍金來提高收費，更有助投放廣告能見度。

如此好的投資，何樂不為。確實參加國際競賽得獎，對公司推進業務有利，但未必得獎就會有案子來。站在經營管理角度，等創業 2 到 3 年後，再來參加獎項更佳適合。一來是公司初步制定的制度模式已經運作良好，累積一定作品量，設計手法也較成熟穩定，二是公司通常也有正式的營業地點，當消費者循著得獎報導而來，有可接待洽談的辦公室，而不是像草創時可能只有一個空殼登記地址。

● 初創技能青澀會讓快成長價值變空殼

要不要參加獎項或要參加哪些獎項，主要來自於設計公司的自我定位及作品層級而決定。但在參加之前，請先自問公司專業技能是否足夠，如果只想靠著得獎來墊高品牌價值，到頭來很可能只是一場空。

不少設計師在剛創業時就積極參加獎項，把作品得獎這件事當作一圓自己的設計夢，認為得獎就能吸引客戶上門。但這觀念是錯的。消費者在選擇室內設計師時，得獎只是加分選項，非主要考量重點，得獎的意義是在與消費者接觸的過程中，因為團隊的專業程度加上獎項的加持下，進而得到業主更高的肯定。設計師必須把「得獎」（參加比賽）看成行銷宣傳工具。

先評估哪個獎項的宣傳效益對自己有利，隨後羅列需要的執行預算，再來決定要參加哪些獎項。

管理筆記

參加國際賽的行前準備

除了設計師本身的作品內容要有一定實力,有些事前功夫得做足,不然送到國外的辦獎單位,可能連基本的入圍機會都會沒有。可依照下列步驟準備資料:

步驟 01 費用準備→

參加獎項所需花費依獎而異,可先查詢相關費用,包含報名費、行前製作費用、獲獎時出國需準備的差旅費等等,要事先多抓不可少算,因為費用不低,多了解再決定參加與否。

步驟 02 選全室裝修案→

競賽聚焦重點在公共區域和主臥,所以全室裝修案申請較佳,局部裝修作品相對呈現內容少,難獲評審青睞。

步驟 03 請專業攝影拍照→

作品是室內設計行銷重要工具,別為了省錢,肖想自己來就好。委由專業空間攝影師,拍攝作品精髓,才能降低失誤率。

步驟 04 專業軟裝陳列布置→

拍攝過程中不一定會有軟裝布置,但為襯托空間設計,讓畫面更加分,可運用平時定期採買的裝飾品來妝點布置,或是找坊間軟裝布置公司執行,效果會更優。

步驟 05 文件整理→

將作品照片與文字資料整理彙整,翻譯該競賽所需語言,須注意作品介紹說明不能太過簡陋,這點可請代辦公司協助。

● 運用媒體曝光增強能見度

設計公司的媒體行銷從初創到成長階段，皆有它目的性，不是單圖擴散廣度，尤其在初創時期更需要媒體來渲染，會比參加設計比賽來得有用。

不過多數設計師只從發行量、客群狀況與瀏覽量來評估合作的媒體管道，忽略不同媒體各有不同效益，以致有人花了數十萬的廣告行銷費，卻徒勞無功。

並非媒體宣傳的錯，而是一開始沒有用對媒體、沒有切到需求。原則上室內設計媒體可概分「消費型媒體」與「品牌型媒體」，消費型媒體自身掌控主導權，能分案給合作的室內設計師，還能做到客戶分流，給設計師適合屬性的案子；品牌型媒體則著重在廣告曝光，消費者會不會看了廣告後，來找設計師，這就無法蓋棺論定。

● 消費型媒體增加案源

消費型媒體是近 10 年的常態性媒體，運作方式是會先抓住消費者的需求，掌握案件來源，再行分配給有廣告合作的設計公司，因此廣告精準度高，對剛起步缺案源的小型設計公司最為有效，見到有裝修需求的消費者機率大增，相對品牌推廣較薄弱。
通常消費型媒體的合作模式分為兩種：

模式 **01** →低費用高競爭
剛出道需要案源、從未碰過媒體的資深設計師，適合投放低費用的消費型媒體，因為花費的金額較低，可以直接看見消費者有裝修需求，但競爭率也相對高，一個 30 萬的

局部裝修案，可能瞬間有 10 多個設計師跑來爭取，若業主有上百萬預算，爭食者更多，這時要考慮自己有什麼「肌肉」，能說服得了業主。

模式 02 → 高費用低競爭

媒體投放費用較高的平台，其所指派的案件金額也明顯偏高，接觸到百萬以上的高端消費者機會跟著變高，平台推薦給設計師的消費者群相對競爭也低。不過仍要注意，不管消費者預算低或高，他們都會有比價比圖心態，然而高端消費者要求更高，會注重該設計公司提供的價值，相對設計師得提出差異化讓消費者有明顯感受。

管
理
筆
記

消費型媒體比價比圖率高

消費者可能不只上單一平台瀏覽，最愛多家比較，若是設計公司自我經營能力不強，成交率可能會降低。平台也不只刊登一家設計公司，會有多家設計師搶食大餅的機率大增，比價比圖增多，極有可能面臨到工地現場，會有三家同業正在丈量房屋。

● 品牌型媒體可多曝光公司名氣

品牌型媒體較偏傳統型媒體，主要以文字為主，圖片為輔，運作模式一般來說會在設計公司下廣告預算後，讓消費者自由選擇該聯絡哪家室內設計。

這種作法的優點是可以增加公司的曝光及提升品牌價值，有許多設計公司因沒有設立官方網站，以媒體平台成為曝光依據，也希望讓消費者多層信任，但如果曝光期間沒有一通消費者來電，這些費用可能就會功虧一簣，這也是許多設計公司所在意的問題。在後續篇幅會針對不同媒體型態做進一步解析。（見 P.62）

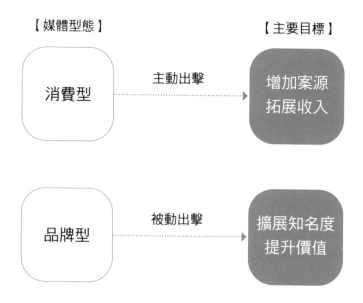

【媒體型態】　　　　　　　【主要目標】

消費型 ·········主動出擊·········▶ 增加案源 拓展收入

品牌型 ·········被動出擊·········▶ 擴展知名度 提升價值

管
理
筆
記

媒體預算配比 6：4

無論哪種類型媒體，設計公司都需要接觸，前提是要有正確的觀念－懂得分配比例的問題。

以剛草創的設計公司為例，消費型媒體的使用率大約佔 60% 以上，因需要提升營業額，跟

陌生客戶的互動就必須提高。此外，可以將這 60% 的預算分別運用在 2 至 3 家媒體平台，

去測試哪個平台對自己內部比較有利。

品牌精準定位
幫助後續策略發展不長歪

1 家公司切 3 家經營模式，一個室內設計，一個裝修工程，另個系統櫃工廠，夫妻檔設計師認為這樣會讓消費者感覺到公司規模不小，有集團化趨勢，可爭取更多信賴與業務資源，卻事與願違，高端客戶除了在價格方面有些競爭力，便無其他優勢可言，想拿到設計感的案子，製造好口碑，遲遲沒下文。一切都是犯了定位不清的老毛病。

目標分散，效益跟著分散；
重定位整合，讓資源更集中火力。

前面章節說過設計公司要以團隊為主，以品牌概念來經營，弱化個人魅力，而品牌建立當務之急是定位，接著才是提高消費者購買可能性（意即增加業務量），將進行線上線下的媒體合作是為輔具，增加品牌曝光量，品牌才得以成形、成長。

● 定位正確與否和原始體質有關

不過最讓設計師頭疼的是該如何定位才正確，總不能拿別人當範本按表操課。不同體質有不同定位手法，像是本篇開頭有設計公司又有系統櫃等分公司案例，想要一魚多吃，反而容易讓資源分散，效益也跟著分散，行銷不易打到痛點。

率先分析自己的 SWOT，如若本身工程背景強，就該凸顯此類優勢，多曝光對於施工過程的專業文字敘述，也可多敘述在交屋後房屋內裝的保養方式；如若設計是強項，可多敘述在規劃案件的工程中所採用的手法及建材運用概念說明，就展現相對軟實力。

● 有對的定位才有對的階段操作

換句話說，定位模糊或錯誤，會影響後續的階段目標成長，甚至招來反效果，不利設計公司營運。我們從媒體行銷曝光目標來說明，針對不同時期媒體目的不同，使用的策略也有應對調整的地方。

階段 01 → 增加案源

初段設計公司的目標是增加案件來源，在接觸期間，建議不要對媒體有過大期許，畢竟那只是個開始，媒體渠道更不侷限單一類型，應嘗試其他管道合作，好比跟建商、

房屋仲介等，試圖拓展其他案源可能。

階段 02 →拉提價值與名氣

當發展到一定程度進入穩定的中段後，媒體曝光目的便不在案源，反過來增加知名度與提升公司品牌價值，以適當的曝光途徑，取得與公司頻率相同的消費者接觸，關鍵不在於追求立即性合作，而是在對方心目中留下好印象。

階段 03 →建立利我的媒體關係

來到後段，與媒體的互動有一定熟識度後，就要積極建立媒體關係。雙方若有建立基礎，之後公司若有相關活動，或是像有獲得國際獎項等訊息，才能有完善的曝光機會。

●●● 基 本 作 業 流 程 表 ●●●

初期
增加案源

▶

中期
增加名氣、
品牌價值

▶

長期
建立友好
媒體關係

管 理 筆 記

最後一季提撥行銷預算

品牌建立在公司各階段都有其任務，因此每年討論需要提撥的行銷預算是一定要做的事情，建議在每年的 9 月後可以開始內部討論，在最後一季時準備提撥，讓費用花在刀口上，精準對外取得好業績。

整合行銷（一）媒體運用 RULE 04

整合行銷（一）媒體運用
消費、品牌型與自媒的波段助攻

兩位八年級生各自離開原東家，合股創業，深知網路曝光重要，品牌定位明確，先從小案子累積口碑做起，操作局部裝修案件來凸顯公司監工細節，同時善用平面設計背景，對品牌商標 LOGO 設計有鑽研，有助提高商空成交率，等案源穩定後，開始思考拉高客戶裝修預算與設計感，積極參與設計比賽，藉由新聞方式宣傳，隔年營業額站上 2000 萬。

階段目標清晰，
談案流程有備而來。
網路媒體輔助增值，
有效降低案件流失率。

很多人認為經營品牌做行銷，就是要砸錢才能達到推廣效果，其實並不見得！從設計師接觸業主所說的話、拿出來的展示文宣、網路上呈現的風格調性，便已進入行銷。

那怎樣宣傳才好，最基本也最廣為人知，更是必須的，是媒體應用。但現今的室內設計媒體種類眾多，想讓行銷預算花在刀口上，需對媒體型態有所認知，找到符合需求的媒體型態，使行銷策略更精準執行。我們大致可將媒體區分成自媒體、消費型與品牌型三大類，每個各有優缺點與利用方向。

● 自媒體自製內容不佳反內傷

自媒體顧名思義就是自己蓋平台、蓋頻道，自己營運媒體曝光內容，常見選擇有官網、社群平台、部落格等等，由於自媒當道，很多設計師明瞭箇中要害，卻沒頭緒要怎麼加強，甚至連該分享什麼內容，處在一知半解狀態。內容一旦沒做好，豐富度過低，或是資訊沒抓到要害，自媒體反成了曝短平台。

建議 01 →系列主題輪播
編列一系列不同主題，跨設計與工程層面，最好一次有 5 種主題，請各個不同部門的同事進行分享。主題方向可以是：

1. 如何透過收納，大大提升空間使用率

2. 看懂找室內設計師的三大重點

3. 初步面對室內設計師該如何提問

4. 空間軟件布置巧思分享

5. 建材選料基本概念分析

建議 02 →內容持續不間斷

內容要持之以恆，不可走一步算一步，播出的內容才會受到消費者的高度關注。設計師經營自媒體，常會拿工務多，無法專心且持續經營，這時可讓團隊各部門同事輪流上陣，多花點時間，慢慢地品牌自媒體就會有不錯效果。

建議 03 →團隊合作

設計公司面對自媒體操作，除了擔憂該放什麼內容才恰當，令人困惑的還有公司員工彼此分享主題，各依自己喜好貼文，即便已有規劃主題仍缺乏共鳴度，少了團隊合作精神。建議負責自媒體內容的員工固定時間開會，討論放置的題材，減少重複或背離公司核心議題。待運作成熟，可嘗試與設備廠商合作貼文，彼此魚幫水水幫魚。

● 消費型媒體提升觸及率

少量文字搭配大量圖片訊息，首次曝光便以圖片來吸引消費者目光，是消費型媒體一大特色，這樣的曝光手法很貼近時下的主流閱讀行為，因此若設計師的圖片風格受到對方喜愛，讓雙方產生好感，下一步會引導進入平台了解設計公司的聯絡資訊。因同期的設計案件也不少，公司曝光則為附加價值。

所以，跟消費型媒體合作就是要增加與消費者的見面機會，向消費者行銷公司，增加案量業績，待第一輪合作案完成後，會建議第二輪曝光再調整宣傳內容，藉以保持公司對外的新鮮感，讓消費者覺得時代在進步，設計師也沒落於人後。

● 品牌型媒體有助長期發展

相較之下，品牌型媒體主攻大量文字搭配少量圖片，讓讀者看見設計公司的價值所在，從文字中會看見公司簡介、部門配置、未來願景發展的方向等，試圖讓消費者對公司有更深入的認知。

這類媒體廣告節奏慢但有計畫性布局，不追求高速曝光，但追求陳述內容的品質，如一家公司結合了 ESG 的經營概念，落實了哪些項目，讓地球環境有了不一樣的改變，不強調即時帶來廣告效應，而是讓品牌走向良性循環。

只是採用這種模式，除了要讓公司品牌價值走在前端、邊布局核心價值與未來經營模式之外，每個曝光的過程都要仔細思考，與品牌定位產生連動效應，才能跟內部水平一致，也好和客戶達成共識。

在傳統的室內設計教育學程裡，對於媒體行銷分享甚少，普遍都是進入產業後，才透過媒體的主動接觸下，靠著第六感做出判斷。面對新世紀資訊型態改變，行銷不能再靠第六感來決定，無論選擇哪種媒體行銷、要做到怎樣的口碑魅力、動用哪種資源，全需要有系統性的來建置品牌價值。

管理筆記

品牌價值推廣打長期戰

品牌型媒體對長期發展會較有幫助，透過文字上的體認，讓客戶為公司品牌而來接觸，然而要運作多久、花費多少才能開始回收，沒有一定鐵律。但須長期且有節奏性運作，才能見到效果。不過多數設計公司本身無相對應部門運作之下，建議外包給外面專業團隊執行較佳。

●●● 消費型與品牌型媒體使用比較 ●●●

媒體型態	消費型媒體	品牌型媒體
優勢	1. 曝光初期有感客戶接觸率提高，進而轉換至成交率時的機會大幅提升。 2. 消費者來電變多，或透由公司 Facebook、Instagram、Line 等平台進一步接觸，即有機會進入丈量模式。	1. 屬長期的品牌累積，消費者願意支付的價格也有可能水漲船高，要提高收費金額並不是空口說白話。 2. 經由市場考驗下，所表現出的價值，比較有機會提高設計或監工費價格。
風險提醒	1. 比價比圖的機率變高。 2. 容易遇到想砍預算的客戶。 3. 客層來源變複雜，未必仰慕（認同）公司價值而來，不確定性跟著變大。	1. 較難立即看到效果，需經長期有節奏運作發酵。 2. 因是長期投資，投入的金錢、人力與時間較難有確切數字，容易讓室內設計公司卻步。

曝光促銷資訊對品牌推廣助力小

為了引起消費者更多互動，在曝光時會連帶說明促銷方式等訊息，吸引對裝修有需求的民眾前來，但要小心來一批想在價格上有調動的客戶，對於公司品牌的推廣幅度也會較小，但對於個人形象的建置也許會有些幫助。

● 比例分配原則控管媒體預算

一家公司的運作,消費型與品牌型媒體應該要並行運作,不可擇一進行,唯一要掌握的是兩者比例如何分配,在不同階段有不同分配法。比例分配得當,會帶來豐厚的果實,若分配不當,則可能出現頭重腳輕的現象。

分配 ❶ 初期先主打消費型→

以剛創立的設計公司來說,先讓公司存活才是重點,建議消費型媒體合作金額花在總預算的 60 至 70%,搭配些許品牌建置項目,品牌型媒體費用挹注約 30 到 40% 之間,為公司品牌打底。

分配 ❷ 中期五五均勢→

等營業額慢慢上來時,可將品牌型與消費型媒體總預算各拉到 50% ,因內部的案源慢慢穩定,主要目標會放在品牌價值提升,所要的走向也和初期大不同,這時期與媒體關係要愈來愈緊密。

分配 ❸ 後期提高品牌型→

待公司發展穩定,已經進入案件飽和,可挑選客戶的階段,有很多設計師在這時期會開始收取丈量費或勘場費,來挑選所要的客群,逐步讓公司接觸到頻率相同的消費群,媒體搭配會傾向品牌型媒體為主,來到總預算的 60 至 70% 左右,消費型媒體下調至 30 到 40%。

RULE 05

整合行銷（二）互動傳播
有感體驗 + 跨領域交流
拓展品牌廣度與深度

擁有 3 樓層的設計公司為不讓辦公空間閒置，不似其他同業拿來當建材展示，好讓業主了解更多裝修資訊，反拿來舉辦活動，對象就先從既有客戶名單著手，分成「曾洽談過」和「曾成交過」進行邀約，不定期提供和設計生活相關體驗，從第一場活動只有 6 人報名，到現在幾乎場場滿座，漸漸拉住客戶關係，也和周邊鄰里保持好互動。

體驗行銷拉攏消費者黏著力，

有感才能吸住陌生客。

拉攏客戶關係是投資一環，

可回饋到公司品牌廣度與深度。

該案例是我們在 6 年前接觸發想，引導設計公司可以自己舉辦活動，找來建材商一起共創雙贏。一開始可能辛苦些，不過就是因為活動主題吸引人，來者獲得極佳體驗，進而改變對設計公司的印象。

● 知識型活動掌握消費者生態

在我們舉辦過多場的室內設計活動經驗裡，深刻感受到對於設計師而言，活動最重要的並不是吃吃喝喝，而是能改善專業層面，解決業務執行上的方法。一般消費者會想參加設計類活動原因無他，也是因本身有需求，想找管道解決，對這類話題有興趣想深入了解。要吃喝玩樂，隨時去網美勝地朝聖即可。

室內設計的體驗型活動偏向可引起消費者共鳴的知識型內容。舉例，有些消費者認為設計師應該懂視聽設備的配置概念，但不少設計師仰賴廠商協助，未必知道更多資訊，如若能加以了解，在第一時間與客戶溝通，可博取信任感。相對設計師也能利用這等關係，開辦體驗型活動，將之當作售後服務一環，增加案子回購率。

●●● 室內設計體驗行銷泡泡圖 ●●●

1. 解決想知的事
2. 對主辦方有好感
3. 建立合作契機

◀ ◀ ◀ 消費者 設計師 ▶ ▶ ▶

1. 收集消費者資料，有助市場剖析
2. 擴散品牌質感
3. 經篩選的邀請對象，提高未來合作機會
4. 展現團隊專業能力

● 尋求廠商跨界合作可三方獲利

有時候舉辦活動，未必全都自己來，可以找第三方合作，最好入口是找常合作廠商一起，好比建築材料類的磁磚、空調、系統櫃等，軟裝布置的家飾家具品牌，又或者科技導向的智慧家居等等。

主題偏向談生活美學，談安裝施工的常識與注意事項，甚至加點巧思，跳脫制式講解，讓與會者無壓力體驗商品，避免像在參加銷售大會，好獲得口碑。我們曾幫某設計公司與專賣義大利塗料商跨界，教在場人士利用板子自由創作圖騰，也藉此讓消費者知道建材不是只有使用在空間裡，也能玩出新花樣。設計師和廠商建立好的「羈絆」關係，未來合作時，不怕對建材運用不了解。廠商能與消費者近距離推廣自家商品，消費者會認為設計師有幫忙想到更多裝修要注意的細節，願意介紹好的物件，透過廠商解說對彼此留下好印象，對三方信任度有利無害。

● 設計師自己也要參加別人的活動

除了自己公司籌畫，設計師偶爾也要參加他人（坊間廠商）舉辦的活動，吸收對產業執行有幫助的專業知識。尤其為在同業間更有競爭力，提供更多元、更好服務給消費者，無論資歷淺深、知名度高低、得獎多寡，都要藉各種專業參訪，進化升級，不是只有專注設計圖面與工程施工能力。

只是坊間活動眾多，設計師時間寶貴，最好以能看見產業未來，可直接用在工作上，降低裝修糾紛的活動內容為佳。另外，亦該多加了解可增添品味的其他層面知識，這樣不僅提高品牌價值，還能創造屬於自己品牌的獨特性。

專屬
室內設計的經營課

謀生技能 ≠ 有「管」公司能力

這十年的室內設計業變化，

可觀察到有不少設計團隊並非全是設計相關科系，

也開始從個人經營轉進公司品牌營運。

除了室內設計基本專業知識，也要有商管技巧。

學習關鍵字

技能再訓練
・相關科班知識與工法
・美感養成

智權維護
・釐清公司資產價值
・商標 LOGO 註冊

制度化管理
・合約規範固定與
  彈性對應
・資料庫建立

非科班需補強基本技能
從工法、繪圖知識到
美感培養都得全面進修

RULE 01

年輕設計師因為從小跟父親學裝潢,學的是傳統工法,因此對師傅的習性比一般新入行設計師更加了解,相對美感素養較不敏銳但深知有考取到工程證照還不足代表一切,尚差張設計證照;對這行有強烈危機意識,也不想給人傳統的裝潢刻板印象,清楚早期客戶要什麼師傅便給什麼的模式,並不會有助公司長久經營努力考證照外,積極提升自己美學品味。

非科班出身,得補足專長缺陷,
美感也要隨時升級補充,
累積軟實力。

工欲善其事，必先利其器，科班出身的設計師們贏在起跑點，輕鬆面對設計與工程，未必對經營頭頭是道，對非設計類入行者來說，初期或許有幸運女神眷顧，還看不出差距，但少了專業實力當靠山，時日一久，案源類型受到限制，更難觸及高端客戶，不易轉型，更怕有損業績效益。

我們觀察到這十年來室內設計業變化，有愈來愈多設計團隊並非全設計相關科系，且也開始從個人經營轉進公司品牌營運，因應趨勢使然，非設計相關科系的室內設計師更需要具備基本專業知識，才能在室內設計產領域發展長才。

●●● 設計師要有的基本專業知識 ●●●

● 更新基礎工法知識提升執行力

這不只非設計科系畢業的室內設計師要學，連執業多年的室內設計師，也要不斷更新。因為隨著材料日新月異，人們的需求也越來越多變，相關施工工法和建材運用知識得適時補強。舉例，以木地板來說，常見的有實木、海島型、超耐磨等，近來又有石塑地板材質，每種材料的價格與施工方式不大相同，且需要依現場環境而定案，此時若設計師對於材質特性使用錯誤，則可能造成後續不斷維修及糾紛的狀況發生。

唯一要考量到的是現今有很多設計公司所聘請的員工，其實都不具有室內設計從業經驗，如何讓他們獲取知識才是要點，以便提升工作效能。

方法 01 →工地師傅教導

跟著工地師傅學習，可學到「材料」與「工法」。知道不同工種會運用的建材物料，現場施作時，哪些材料能用哪些不能用，使用時得注意哪些事項，師傅可給予適當建議。到底該用哪種工法好，師傅也會視現場環境與施作地點，分享最佳操作手法。

方法 02 →同事分享

同事的工作經驗可以反芻己用。未必凡事都要有那親身經歷，可在同事身上看到不一樣的處理作法，也可藉機瞭解整個裝修過程，從前期溝通、簽約到設計規劃與執行等環節，留意到該注意的地方。諸如工期的安排、材料表的製作、廠商聯絡表擬制過程。

方法 03 →影像記錄建檔

由於施工師傅多屬師徒制，對於施工的過程較少整理成教材。因此在工班講解安裝過程時，建議可採錄影方式，讓師傅口述施作過程及選用適合的施工工具，設計師從旁協助記錄，慢慢地就可以成為內部教材，也可藉此提升與工班的合作默契。

● 充實繪圖軟體技能拉高業務力

早期室內設計只要簡單手繪，就能進場施工，現在沒做到 3D 渲染，怕與客戶溝通會產生嫌隙，極有可能實際成品與圖面落差，衍生不必要麻煩，所以繪圖能力必須具備。

有些設計師會在未簽約前，以 3D 圖面吸引客戶簽訂合約，有的則是已簽約前提下，待所有平面圖繪製完畢後，再展示 3D 圖面，認為這樣才是裝修後房屋內部的正確模樣，最後正式進入施工階段。想提升繪圖軟體實力，目前方法有二。

方法 **01** →外包

現有不少設計公司會將 3D 繪圖作業外包，一來節省人力成本，二將精神體力專注其他營運領域。但外包麻煩點在於無法精準控制交圖時間，容易受他人控制，當對方案件多時，會需要排隊等候，這會延宕簽約或交屋時間。

方法 **02** →補習班授課

向補習班授課的專業老師學習，加強自我出圖能力。在補習班上課，主要為了考取證照，另一方面是為了學習 3D 出圖技術。前者可跟老師詢問證照考題與實際案件執行有哪些落差，以及該如何運用所學才能順利接到案件。若為出圖技術，還可透過補教了解出圖時間如何控制，好讓客戶有感消費。

管理筆記

素模減少來回調整時間

3D 要畫到多寫實，才會讓業主點頭，又要能避掉來回修改時間，其實可按部就班出圖。一開始跟客戶接觸時，先使用素模的操作方式，只用線條隔離成空間的模樣進行講解，形塑出空間感，待材料選定後才加上顏色及紋路，減少誤差。

● 熟悉法規避免爭議糾紛

裝修糾紛近期頻繁登上新聞媒體，這也困惑不少室內設計師，因為大家往往從同業或業主口中得知，或是在碰到糾紛的情況下，才得知有某新法律規範。

舉例來說，近年來政府積極推動「室內裝修許可」的重要性，但有很多設計公司與消費者間正因此處於拉鋸戰，其中一個很重要的原因來自「申請費用」。若裝修費較低的情況下，這筆費用可能不是筆小數目，消費者傾向不想支付，但站在專業角度的設計從業人員則會深感苦惱，甚至思考是否要賭運氣，這時就很需要具有法規專業的知識。

想要獲得這方面的專業知識，以下提供幾個方式做為參考：

1. 最方便的方式就是請現行執業的律師來分享。
2. 加入所在縣市的室內設計同業公會，藉由公會中的法規委員會得到資訊。
3. 參加學校推廣教育中心所舉辦的相關課程，或參加業界補習班獲得相關資料。
4. 由網路資訊中接觸學界的專業教授、公會的授課委員，進一步協助公司其他設計師避免及釐清該有的專業知識。

● 家用科技與軟裝技巧增加軟實力

隨著人們對於美學的喜好越來越明顯，空間的使用不再只是能住就好，更希望搭配一些軟件巧思，讓生活添增幾分感性，所以軟件布置的課程是室內設計師必須多了解的領域，除了提升自我美學能力，同時也能教育屋主生活妝點的小技巧。

另外，近來科技產業的發展，對於家居或商業空間的使用率也逐漸提高，其線路配置就是一門大學問，尤其是現在頗夯的智慧家居系統，它的安裝模式與運作方法大不同，有賴廠商和水電工班行前溝通討論，詢問責任歸屬及未來合作方式，再配給施工單位或設備商處理，很值得室內設計師學習相關科技設備新知。

定期採買家飾軟裝

可定期定額預算添購以裝飾性為主的家飾軟裝配件，這樣在拍攝記錄作品時，可有布置道具運用。不過前提是公司要有預算與餘裕空間可置放飾品。

若室內無足夠空間，現有迷你倉庫租賃可解決場地限制與儲放問題。另外想採購家飾軟裝，先以小件家飾為主，像是抱枕、花瓶、寢飾等等為優先，大件如藝品、壁畫這類存放不易，可改用租借方式。

● 藝術美學培養加分專業力道

室內設計是一個屬於「美學」的產業，藝術方面的陶冶也是很重要的一環，其涵蓋的層面相當多元，從雕塑、圖畫、文化、歷史等，都會讓人為之感動，進而昇華成一種獨特視界。成為業主眼中明星設計團隊，最後決勝點是靠藝術美學的精準掌握度，將所接收到的寓意結合到室內作品的元素，為每個業主打造獨一無二的完美空間。

千萬別認為自己客層高度還沒到那層級，便把美學涵養擱置不管，倘若有天來了 1 千萬的案子，才意識到應該充實藝術美學方面的知識，恐怕已經為時已晚。

RULE 02

護好商標就是確保公司價值
智權打一開始就得步步為營

在北部的設計公司 A 做得如日中天，某天卻接到在南部成立十多年的 B 設計公司來電，表示因公司同名，常被消費者誤會在北部有分公司，造成接案上的困擾，因此要求 A 設計公司更名，但 A 認為 B 並沒有註冊申請商標，憑什麼要自己改名？雙方爭執不下揚言要提出告訴。最後法院裁決 A 公司敗訴，主因 B 一開始便註冊，於法有據，A 只能被迫改名。

一公司成立首要任務，
馬上申請商標，才能護住品牌。

設計圖比稿被抄襲和公司名鬧雙胞胎，後者嚴重性大多了，和藝人辛苦經營粉專被盜用，喪失主導經營權一樣，最慘的是重頭來過。設計師除保護自己的創作外，更得護好自己的公司名。

智慧財產權包含專利、商標、著作權、公平交易、營業祕密等多項法規，其保護對象也各不相同，而在商業訴訟戰場中，除「專利權」及「著作權」外，最常見到的就是「商標權」。

過去室內設計設計圖如果被抄襲，都僅能以「民法」、「著作權」、「公平交易法」等規定，進行法律上的求償，然而隨著專利權法的修正，未來室內設計將可申請「設計專利」，成為保護室內設計業者權利的新利器。

● 公司 LOGO 註冊商標擴展競爭力

室內設計公司真需要申請商標權？申請後獲得的保護又是什麼？簡單來說，「商標權」即為公司 LOGO，用以保護商品和服務的來源，白話點是指看到 LOGO 便會想起這間公司。如若品牌行銷一發出，赫然發現公司名字、LOGO 已被申請或和他人近似，怕會被禁止使用，對市場推廣來說風險過大，因此建議公司一旦成立，LOGO 商標最好跟著註冊申請。

台灣商標權的取得，採註冊主義，須向經濟部智慧財產局進行申請，才能取得商標權。申請時建議思考兩面向：

思考 **01** →用在哪個服務

「室內設計公司」提供的是「室內設計服務」，會先以申請 42 類「室內設計類」為主。

思考 **02** →會在哪種行銷管道

會在哪裡推廣銷售，如可能會設立網站或 Facebook 等，則需要加申請 35 類，以保護商標的使用。

申請歸申請，設計師更該了解智慧財產權應如何使用，同時對設計層面的技術或設計思考企業的價值，進行戰略定位，這些都將是室內設計公司未來在建構競爭利差時，需審慎思考的課題。

管
理
筆
記

商標申請是建構品牌的基礎工程

品牌不等於商標，但商標可協助建構品牌。品牌屬抽象概念，來自消費者對供給服務對象的綜合評價，商標則是具體財產權，註冊後具有排除他人使用之權利，室內設計公司在建構品牌時，除了企業文化、品牌精神等軟性素質外，可將「商標申請」做為建構品牌的重要事項，為企業品牌獲取市場競爭更大優勢。

● 用智權提高公司價值

公司的價值可分成有形資產與無形資產。公司所擁有的車子、房子、桌子、電腦為有形資產，商標、專利、著作權等為無形資產，而公司真正的價值體現，也在於設計師的智慧結晶 (即無形資產)，此時就要看設計師是否有對相關的關鍵技術、LOGO 品牌

等進行專利或商標申請。如果有申請,因為專利權與商標權是具體財產權,因此都可以

透過鑑價方式取得一定金額,進一步做為公司資產,提高公司價值。

●●● 公司價值分析一覽 ●●●

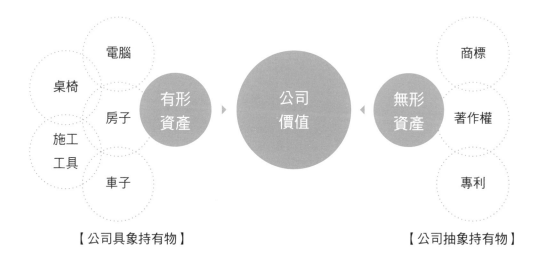

【公司具象持有物】　　　　　　　　　　　　　　　　【公司抽象持有物】

管理筆記

智權價值變高才有增資空間

當公司經營到一成熟階段,自然會吸引他人來投資入股,又或自己也想擴大經營,動了增資
念頭。但什麼時候才算時機成熟呢?一般來說,有想轉型做公共工程,需要大筆資金進駐,
另外想提升承接案件等級與接案金額,這時會需要靠股東來轉介高端客戶。不過仍要小心,
股東若只是純出資金、人脈者,風險較高,擴大經營失敗率跟著提高。

RULE 03

資料庫制度文字化（一）
消弭傳統師徒制的模糊管理空間

傳統設計公司多採師徒制，菜鳥設計師隨同資深人員（老闆）進行丈量、討論圖面與監工，在旁觀察學習，有什麼事一律「待老闆決定」，事事得請教老闆，一遇到雜務變多，待解決事務塞車停擺，上位者心情不好過，下面做事的人也跟著綁手綁腳。

基本工作資料文字化，
按 SOP 排除初步疑難雜症，
流程區分固定與變動模式，
消弭不確定因素，讓案件順利進行。

師徒制向來是室內設計產業採用的人員管理機制,從設計師到工班。優點是有溫度、彈性,反過來看則沒有一定的標準值,容易造成內部同事常忘東忘西,或是每個人作法不一,導致業主產生感受上的落差,到頭來還是要設計師本人(上級主管)親自出馬處理,這時將作業流程文字化將有助於解決此問題。

不過大部分設計公司對文字化有抗拒。一是質疑公司規模小,不認為有文字化的迫切性,二是將各種工作上的資料文字化,產出一份份紀錄,勢必花費非常多時間,不做麻煩事。但要不要做文字化這件事的重點非關公司規模大小,是有沒有意願,絕不是有沒有能力。

我們在前面章節概略提到文字化制度的重要性,接下來將詳述作法與相關細節。

● 流程文字化減少瑣碎作業

比起師徒制,將流程文字化,建立一套標準,確實可減少管理上的曖昧灰色地帶。當內部作業有跡可循,舉凡人事行政、財務作業、工務管理等等,在大略規範下,讓公司股東、設計師、助理等成員各自知道自己能處理什麼事,減少與老闆電話或是平台溝通的頻率與次數,工作更聚焦,客戶相對享有更優質的服務品質。

只是制定出的內部規劃,會需要定期更新,若沒更新,隨著時間流逝,有些事情可能會沒有跟上對應的腳步,所以同步建議計公司內部訂出固定的開會時間,檢討當週或當月需要改善的事項,並列為內部的會議紀錄才會達到效益。

● 固定＋變動雙模式切換控風險

什麼樣的資訊需要文字化？設計公司的作業流程最需要立下標準。我會將其分成固定模式與變動模式，兩者因應當下狀況切換使用。

固定模式→

有明確指標、可按標準流程進行各項 SOP 指示，得到相對應的答案。可適用情況如下：

1. 客戶首次來電過濾。

2. 案件基本需求確認，像是要裝修的屋況為何、室內坪數、使用人數等固定、不易改變的資訊。

變動模式→

當消費者提出不同標準流程問題時，在不變的規則範圍下，提供具有參考價值的回應，且不做過多限制，讓第一線面對的工作同仁有彈性應對空間，避免照本宣科，落入制式化無法變通的可能。

管
理
筆
記

習慣會議檢討

每當與客戶開會討論後，團隊應進入檢討階段，討論為何客戶會有這些想法，是公司在外部的市場價值受到質疑，還是面談所表現的專業度不足。將這些列入會議紀錄，之後每個設計師才能有所依據，在出發與客戶洽談前先模擬好戰略。

RULE 04

資料庫制度文字化（二）
建立階段作業流程準則有利溝通

沒時間處理資料化歸檔，做事全靠通訊軟體傳遞訊息，溝通工程事務，以為業主已讀就是 OK，孰料還是發生 －「你之前好像沒有跟我說過這點，我不能接受。」設計師自覺有理：「之前在一開始就有說過，我也傳 line 給你過。」沒解釋溝通清楚最後導致雙方合作不愉快，即使沒撕破臉，心裡疙瘩早留存著。這樣還會回頭介紹其他人給設計師嗎？

因應不同階段，
列出文字化作業項目；
工班、業主、內部人員互做確認，
減低摩擦失誤。

室內設計公司在經營管理上需要文字化的資料大致上可分為：事前接洽及圖面討論階段、工程施作階段、驗收及售後服務階段，每個階段各有制式規範要遵守，需資料化的內容也不一，但最大關鍵在於減少「有說過」這三字的殺傷力，朝「有寫過」方向進行，會對公司營運更有利。

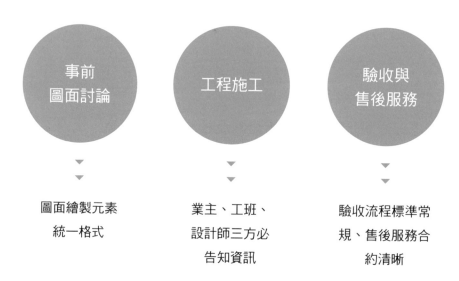

●●● 設計三大階段需要的文字化資料 ●●●

事前圖面討論 → 圖面繪製元素統一格式

工程施工 → 業主、工班、設計師三方必告知資訊

驗收與售後服務 → 驗收流程標準常規、售後服務合約清晰

● 事前討論階段求一致性圖面規矩

消費者來電洽詢裝修案件，需要資料化規範來篩選過濾，進到溝通討論平面配置時，從天花板、燈具迴路配置，到弱電與給排水系統規劃，也有一定的文字化資料。意即圖面素材要有系統，放置的代號、線路、顏色等要統一規範，以免造成內部圖序有落差。小型設計公司並無法像大型公司細分為不同專案部門處理各種案子，想要做到精準控管交圖時間，除了內部教育訓練，還須由主管以明確文字告知團隊一致性的圖面模式。

● 工程階段正確告知合作單位遊戲規則

過往進入工程施工階段前，會簡單帶過施工前的資訊，純粹口頭告知或通訊軟體傳遞訊息，缺乏文字化系統告知，容易讓牽涉其中的業主、工班和設計師端三方產生認知誤解，進而影響施工進度。

告知單位 **01** →工班→現場施工注意事項

光一個工種至少有 5 個以上項目參與施作，事前與工班溝通清楚，可避免業主方、施工住戶社區和設計師等多方產生誤解。其中最需要文字化告知現場施工規定，像是：「施工期間，施工人員當日離開現場前，須將現場環境保持整潔，並將使用工具電線拔除及關閉電源後再行離開。」

告知單位 **02** →業主→唯一聯繫窗口不是現場師傅

面對自己房子正在裝修，業主其實比其他人都更「興奮」，充滿期待也滿心好奇與疑問，會想三不五時前往工地關心施工進度，這便衍生另一問題 — 當業主到工地現場時，設計師不一定同步在場，有不解的地方，業主自然詢問師傅求解，若師傅回答方式與設計師當初設定的設計方向有落差時，會製造設計師與業主之間誤會，設計師和師傅工班亦有摩擦，嚴重者影響工期。所以務必文字化：「施工期間，本公司為唯一窗口，所有須溝通之事務煩請與專案負責人員聯繫。」

管理筆記
勿讓業主私下自行到工地

業主有需要前往工地探視，務必讓對方先和設計師聯絡，千萬別放其私自前往。同步告知工地師傅，對施工過程有任何疑問，請業主和設計師對接，尤其是第一次裝修的客戶，更需要由專業設計團隊告知注意事項。

告知單位 **03** →設計師→確實回報群組進度

設計師端就是公司自己，有何好資料文字化的呢？這時最常發生監工設計師回報進度時，沒有拍照而造成雙方資訊產生落差；另一方面，沒有定時發送施工照片至與業主的討論群組回報，易導致業主更加懷疑設計師有無認真監工，擔心付出的費用，是否有達到當初所說的樣子。因此，設計師必須知道：「每次進入工地監工，人員需拍攝現場工地照片，並上傳公司 line 群組，若有任何問題須及時提出反應。」

● 驗收售後階段協助進度處理與收尾

驗收是件相當嚴肅的事情。當雙方未達成共識，恐影響尾款支付，它正是設計公司執行工程的主要利潤來源；業主更是在意驗收及售後服務階段，想知道自己的家園夢真的如期實現，未來有何問題，是否有人可協助處理，為摒除大家彼此不信任與猜忌，基本的文字化作業有三點要熟記。

文字化 **01** →驗收單

驗收單就是依據，針對業主方不滿意之處進行修繕，且在離開現場前簽名確認，事後改善計畫才有定案。

文字化 **02** →訂立流程標準

傳統驗屋方式是業主主動提出缺失項目，再請該項目的工班來修補。其實可以將流程標準化列出步驟細節，由設計師本人進行驗收，員工可按流程表偕同記錄，讓員工跟著知道整個狀況，無須設計師全親力親為。

文字化 **03** →保固合約內容清晰化

目前國內傳統設計公司的觀念多半認為在合約內寫有「裝修後享有一年保固」的字眼即可，但這句話其實相當模糊，到底保固包含哪些範圍、品項都沒有交代，若如此不清不楚，可能發生數年過去了，當設計師接到過往業主來電時，只為了一個燈泡沒亮或水龍頭漏水，有可能還是要前往處理，再依現場狀況評定是否另外酌收費用，但在合約內沒有明訂清楚權責，這對雙方來說並不是一件好事。

●●● 驗收售後流程標準化與內容概要 ●●●

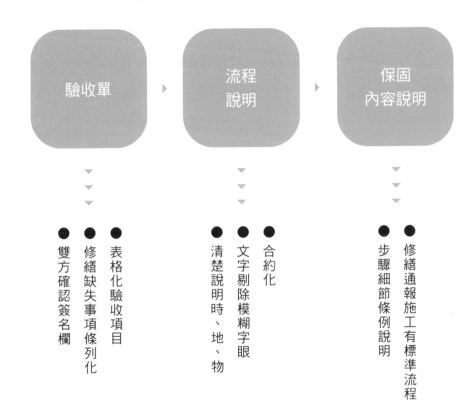

驗收單	流程說明	保固內容說明
● 表格化驗收項目 ● 修繕缺失事項條列化 ● 雙方確認簽名欄	● 合約化 ● 文字剔除模糊字眼 ● 清楚說明時、地、物	● 修繕通報施工有標準流程 ● 步驟細節條例說明

RULE 05 資料庫制度文字化（三）有建材資料庫可快速配對需求

A 公司成立也有 10 多年，因為沒建立建材資料庫，當員工增多，加上每個人對建材認知沒在同一水平，老闆更未明確告知，導致接到的案件毛利不到 15%，甚至出現虧損高達 80 萬元！這時才驚覺建立建材資料庫的重要性。

設立廠商聯絡資料表，
將建材分類，也可建材品牌分類法，
標列單價順序，不怕挑選出錯。

與業主談圖說明材質，或與內部討論要使用何種材質時，最常需要使用到各式建材材料的樣本，有的設計公司把廠商提供的樣品都堆滿在倉庫裡，要找的時候怎麼找也找不到；有的則沒有自己的建材材料庫，需要向業主解說時沒有樣品又很難說明清楚。又或者知道所有建材資料的，限公司特定人士，導致資料索取容易受制，影響後續作業。

要避免諸多窘境，建置與管理建材材料庫有其必要性，連同材料商和其他廠商也需要管理。建議資料庫有兩大方向，一是設立廠商聯絡資料表，並作建材分類，二是設立建材品牌分類模式。

● 廠商聯絡表清楚條列所需用料

不妨運用 EXCEL 系統建立廠商聯絡資料，涵蓋廠商名稱、品名、代理或製造品牌名稱、室內電話、業務手機、業務接洽窗口、曾合作過的案件名稱、地點以及建材配置的空間場域。好處是：

好處 **01** → 有利客戶服務機制，特別是案件超過保固期，消費者萬一有來電需要服務時，可快速回推當時現場狀況。

好處 **02** → 內部妥善案件管理，有助營運多年的設計公司審視過去多年資料，進而了解營運狀況是提升還是衰退。

好處 **03** → 健全與穩固工班間的責任關係。當有這些資料，可清楚知道當時是哪個工班負責，雙方能及時回推工地現場狀況，做緊急應變處理。

● 用價格帶與品牌分類幫助找合適建材

建材品牌分類模式用意在於讓新進同事可快速認識公司在品牌設定的規範，對建材取用有固定模式可循，畢竟每種建材毛利各有差異，其他同事亦有可能憑著之前工作經驗與訓練，下意識幫業主配置出和現在公司規範不同的作法。

分類的方式除了依照建材屬性，還可用高低價格區分，文字化訂立出挑選建材時的預算價格帶與品牌規範，明確知道多少預算可以選擇哪些建材和品牌，統一公告給同事使用，若業主要更換建材，就能在指定品牌範圍內進行挑選。

管
理
筆
記

找到好材料商的基本 QA

各種建材材料廠商登門拜訪室內設計公司是常有之事，在面對廠商時，可以透過幾個提問初步判斷這家材料商是否適合給予合作的機會。

Q1 是否能提供建材新目錄？目錄是否需要付費？

Q2 新款材料與舊款的差異是什麼？

Q3 在使用工法上需要留意哪些事項？

Q4 下單訂購後，交貨期需要多久時間？

Q5 是否能介紹施工人員或團隊？

Q6 合作後的售後服務機制是怎樣的？例如：保固期多久？免費維修次數有幾次？

尤其對方回應要求的訂金成數過高，或交貨時間含糊其辭，有可能建材貨品數量容易出問題，有些廠商進貨是採期貨方式，供貨日期較不固定，導致需要的建材數量可能不足，又或無法如期交貨，這些都會影響施工進度與交屋期限。那麼得審慎考慮是否與對方合作。

● 與材料廠商互助合作取代資料庫

假如公司空間不足,難呈現建材室,或者無法建立自己的資料庫,那也無妨,至少向同業詢問建材訊息,或由專業的設計管顧公司提供廠商資訊,都是可行方式。甚至找熟識的建材材料廠商,談妥合作形式(如:服務模式、回饋條件等),帶業主直接至材料商門市看建材,也是方式之一。

而選擇與廠商合作,最好與團隊討論後再決定,才能真正找到符合設計需求,能長期配合的好廠商。

●●● 圖解建材資料庫概要 ●●●

【分類項目】

建材資料庫 ＝ 價格 ＋ 品牌 ＋ 屬性

管
理
筆
記

建立建材室可加分形象

如果室內坪數許可,其實可空出空間建立建材室,擺設常見的五金、門片、磁磚、塗料等,請廠商送樣本外,同時可以送一些樣品來讓客戶挑選,對公司形象有加分作用。若規模不足,則以樣本櫃拿取資料即可。

RULE 06

資料庫制度文字化（四）
簽約前用合作說明書保障雙方

承接高達 2 千萬以上的豪宅案，就因為施工期間屋主全交給設計師打點，從未到現場，驗收時竟發生羅生門，屋主有顆價值 30 萬祖母綠飾品不見，雙方各執一詞，只因沒留下任何紀錄證明，設計師得賠付和尾款相當的 30 萬！

第一次與客戶見面，

就遞合作說明書，

羅列注意事項，

大家簽名，保障雙方。

合作說明書既能替設計師篩選客戶，同時讓消費者感到信任，是一舉兩得的好選擇。在第一次跟業主見面時，好比初次到公司洽談，好比丈量工地現場，在客戶離開前遞出合作說明書，雙方議定需配合的重要事項，會讓雙方合作更有保障。可惜，台灣室內設計師鮮少在第一次見面，主動「白紙黑字」，深怕業主從此一去不回，案件沒著落。

● 合作說明書可當合約附件

什麼都還沒細談，就要簽合作說明書，大多數業主是會排斥的，認為簽名形同認可，怕未來不利於己，儘管設計師已表明文件無法律效應，再者一旦簽署，就再也沒有談判空間，不少設計師因為這樣，不太想用合作說明書。

真若如此，雙方可針對不能接受其中幾條項目，當下現場討論，在正式合作前解決不必要的紛爭，寧可讓結果在現場發生，也不要讓客戶在離開後才產生幻想，保障彼此權利。另外，設計師可表示說明書乃事前告知聲明，待正式簽約時合作說明書將會列為合約附件，連帶具有法律效力必須遵循，如此能降低雙方疑慮。

合作說明書也可用來面試員工

面試員工時，可提供與消費者溝通的合作說明書，列舉幾個條例，這樣可了解面試者對條文認知是否與公司目標方向一致，納入錄取的評量之一。另外亦可援作內部員工教育訓練內容，作為教導新進員工之用。

另外，說明書可備簡易版和繁複版兩種形式。當洽談過程中認為是可承接的客戶，拿出 10 條列點搞定的簡易版即可。若發現雙方難有共識，設計方不想承接時，說明書內容書寫多些，或許高達 30 則注意事項的繁複版，讓客戶產生猶疑考慮空間，設計公司也能安然退場。

● 反向過濾篩選客戶

而簽訂合作說明書，也能列為挑選客戶的方式，測試客戶合作意願。例如，當下詢問客戶對於合作說明書是否有意見，對方不願意表達時，那麼設計師就可思考，接下來還需為對方繪製平面圖？會不會到最後圖面被拿走了呢？反之，業主如果很大方地認同，那表示案子承接機率高。

● 一張 A4 條列要點最有力

至於說明書該有哪些內容，怎麼寫才好，建議盡量以一張 A4 大小可以寫完的條列式為主，好處是在客戶第一印象會感覺到這家設計公司面對客戶是有制度的。另外，文件說明內容必須簡短扼要，以免讓客戶感到不耐煩。涵蓋面向可有：

面向 **01** →區分設計與工程階段
根據裝修不同階段提出需配合的重點事項，通常概分成設計和工程施工階段。驗收部分通常直接列入正式合約中。

面向 **02** →談定裝修預算

可在合作說明書階段談定裝修預算,是再好不過,可以讓設計師較精準規劃合適方案。但討論預算時,要將設計費與工程監工管理費考量進去,畢竟一般消費者在不懂裝修的情況下,無法判讀該如何準備這桶金,完成心中的終身大事。

面向 03 →回覆時間

針對客戶的提問回覆,或需階段討論裝修細節,該挑哪個時間最恰當,又能顧及雙方生活品質,界定大家都同意的時間。但有些客戶的工作性質真的只有六、日才能開會,這可以保有時間彈性,但在說明書內就要載明,展現設計公司在制度之外的體貼。

●●● 驗收售後流程標準化與內容概要 ●●●

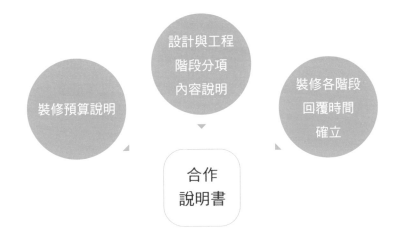

裝修預算說明

設計與工程
階段分項
內容說明

裝修各階段
回覆時間
確立

合作
說明書

管
理
筆
記

紙本合作說明書有憑有據

現代人很習慣用通訊軟體傳送文件檔案,檔案過時無法下載、對話紀錄不見或回收,都是可能發生的情形,建議設計師應隨身備妥紙本合作說明書,讓雙方簽名後各保留一份,做為建檔保存之用,日後若有爭議也有依據可循。

RULE
07

資料庫制度文字化（五）
設計工程合約範本精準化
避開執行風險少紛爭

曾在設計公司提供的工程合約中，看到：交屋後一個月再繳付尾款即可。
結果常發生交屋後總出現各種難以釐清的問題，例如牆壁裂痕，不知道
是屋主入住後碰撞造成的，還是施工時所致，包含設計合約也一樣，未
設定停損點，導致不斷修改圖面，甚至最後案子還沒有成交。

設計與工程兩分，
明定維護與服務項目，
減少做白工。

早期室內設計市場只簽一段式合約，把設計與工程費用結合一起，平面圖談妥，隨即簽約執行，但其中牽涉施工與設計範圍最直接的圖面繪製，讓業主點頭的平面圖可能修改好幾回合，隨簽約後提交的系統平面圖或立面圖，少說 10 多張，多則上百張，花這麼多時間的報酬要從何爭取。而執行過程中，付出的心血是無止境流呢，還是有什麼方式能先立好停損點，除了第一次與客戶見面的合作說明書，第二層保障便是訂立適當的設計工程合約與圖面規範。

● 設計合約不違背合作說明書

一般來說，設計工程合約會在雙方合作有達成共識下提出，拆分成設計約與工程約兩大項，後者為裝修施工階段的運作處理，前者屬圖面配置規劃，設計約的內容通常是合作說明書的延伸，羅列收費依據、如何執行與繪圖流程順序等等，具有一定法律效益。合約必有重點如下：

重點 01 →坪數計算標準
以單坪計價，是以室內實際面積而定，當室內坪數不足 XX 坪，則須以 XX 坪計價，不讓坪數的小數點引起雙方合作不愉快，間接招來負面聲浪。

重點 02 →區間價格要有配套
設計費報價手法有固定報價與區間帶兩種，通常會列出區間價格，待實際場勘整合丈量資訊與案件繁複程度後，經內部討論進行正確報價，中間過程和用字遣詞勿讓業主有被吃豆腐感受。

重點 03 →預售屋客變費的彈性處理
討論預售屋有無進行變更可能，這有產生變更費，如果客戶願意當下有合作意願，簽訂設計合約，可聲明免客變費，若合作意願未明，亦可先談好收取一筆固定客變費，到時若確定有要合作設計規劃，再行報價。

重點 **04** →免費贈送的項目與贈送方式

雙方一開始合作，如果言明會贈送 3D 圖，需在合約條列出圖的時間順序與圖面內容範圍，是一開始繪製便先展示，或在所有平面圖出完後，再行繪製 3D 圖，先說明清楚避免誤解。這裡還需多做一步驟，事前表明簽約前的 3D 圖是初步模擬，沒正式挑選要使用的建材，3D 圖僅是參考，等建材定案，會再提供正確版本，以減少雙方認知誤差。

重點 **05** →費用收取規則

簽約後的付款方式與何時付款，請在合約白紙黑字言明，業主應給付的 % 數與時間點，設計師端應相對給予的圖面資料，藉以保障雙方權利。

●●● 設計合約一定要有的內容 ●●●

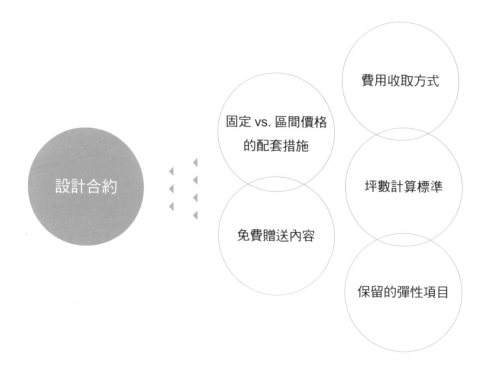

● 工程合約針對模糊事件說明解決法

對一個首次裝修的業主來說，可能並不太理解什麼是工程合約，報價單裡的內容有哪些重點也不清楚，這時設計師如果能展示之前已成交業主的相關資料，將有助於提升雙方的信任程度。因此過往簽過的工程合約與報價書資料，平時就需要做好備份留存與建檔，是管理中很重要的一環。

重點 01 → 2 份不同案件工程合約與報價

與業主簽訂工程合約前，先行準備兩份先前不同案件的工程合約及報價書，一份預算較高，一份預算較低，邊讓業主知道團隊實力，邊確認業主偏好選項，另外合約需註明不同屋況單坪費用為何，讓消費者對裝修預算心裡有底。

重點 02 → 追加說明

一旦答應業主當初所給出的裝修預算，在設計規劃上就不得超出對方的預算，若對方因在建材上想要的等級比之前預想得高，設計師就要適時給出「追加單」，合約便要備註。像是舊屋翻新需在拆除後才能產生相關報價，此時在合約內就必須清楚載明。

重點 03 → 不確定因素控管條件

在預定工期表中，因為天災或政府因素等不可控因素，導致延後交屋時，合約須加記這類狀況，往前或往後計算交屋時間，不得衍生相關罰則。

重點 04 → 不可避的法規

針對政府規定有室內裝修許可管理辦法之規定，簽約時須和消費者說明重要性，但常會見到消費者不願支付這筆費用，強烈建議若有動到牆面之裝修，最好走正規流程，

以防止日後被檢舉產生二次施工。如若發生，相關後續處理，業主得依約履行。設計師尤其得特別留心法規問題，不少消費者心態是能避就避，甚至一發生問題，常推諉給設計公司，這不得不約法三章。

重點 05 → 其他附加要件

雙方在簽訂工程合約針對有無贈送家電、家具之商品，或是局部替換設備，以致保留那些物件與結構，最好在合約內說清楚講明白，以防止之後雙方進行驗收時有糾紛。

管理筆記

減少給圖時間差

設計師準時出圖給業主也是攸關合作是否能順利完成的關鍵，假使設計公司內部只有兩名員工，瞬間湧入 6 個案子，可能衍生出圖不準時，或提不出給圖時間點，讓業主感到不滿。所以建議把圖面拆分為 2 到 3 次會議流程，不僅讓設計師能如期交件，也讓其他協助的設計師可以順利執行圖面進行，還能增加消費者對於設計公司的正面好感。

資料庫制度文字化（六）
SOP 報價技巧
方便員工參考如何與業主溝通

設計師最頭疼的業主之一，是想盡各種理由，無非趕著拿到初步平面配置和報價後，四處比圖比價，連下次面談時間都來不及約，便銷聲匿跡，好意付之東流。就因為擔心拒絕不給，會平白損失一位業主，影響公司收益，誰知室內設計做白工的一堆，連帶影響對下一個業主信任，互動方式變得疑神疑鬼。

拆分初步與細項報價法，

減少拉鋸戰，

順道提防比圖比價。

這裡有兩大觀點需釐清，一是業主不清楚找設計公司規劃裝修，需要準備多少預算，又該如何掌控，看到報價單時可能萌生退意，對設計師沒有絕對信任感，利己主義作祟，會想比價找尋有利報價方案。另一個則是設計師主張的設計費用，和業主期待有無落差。這些牽涉到報價技巧和設計作業流程，在每一階段有其相對步驟程序，合約擬定與付款方式也與之息息相關。

●●● 正規設計作業與付款流程 ●●●

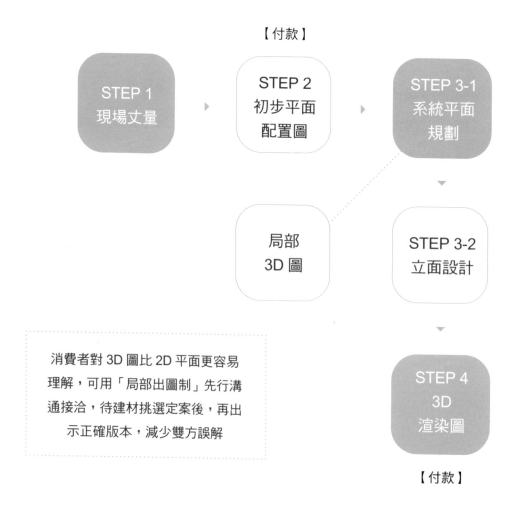

【付款】

STEP 1
現場丈量

STEP 2
初步平面
配置圖

STEP 3-1
系統平面
規劃

局部
3D 圖

STEP 3-2
立面設計

消費者對 3D 圖比 2D 平面更容易理解，可用「局部出圖制」先行溝通接洽，待建材挑選定案後，再出示正確版本，減少雙方誤解

STEP 4
3D
渲染圖

【付款】

● 設計費明確規定交付時間點

室內設計案可分「純設計承接」與「設計＋工程執行」兩大類。以「純設計」來說，業主只將圖面讓設計公司繪製，由其他施工單位承作，這時設計費要有一定程度的費用，設計公司才有獲利空間；「設計＋工程執行」的案子會收到設計費及工程監工管理費，設計費比較有降幅空間，因有工程相關費用可提升公司利潤。但不管如何，寧可設計費收得少，也不要完全不收。收費的規則可區分兩段式及三段式。

方法 01 →兩段式

簽完合約後，三日內由業主給予訂金 30 至 50%，剩餘尾款等系統平、立面圖繪製完成，或者是所有圖面訂製完成，交付給業主時同步給付。

方法 01 →三段式

可先付訂金 20 到 40%，於系統平面圖完成後（內含天花板、空調、水電圖等），再交付 40 至 60%，立面圖完成（內含空間櫃體圖等）則是尾款給付時間，或者尾款可等所有圖面全好後，再給剩下的 20 到 30%。

管
理
筆
記

年資、作品深度影響設計費提升

剛成立的公司，市場知名度低，往往得等 2、3 年，作品穩定後才有調升可能。而想提升設計費，關鍵在於「行銷層面的廣度」與「作品的深度」，依公司年資設立的設計費可參考：

成立年資 1 至 3 年型→每坪 2000 至 4000 元為基準。

成立年資 3 至 6 年型→每坪 4000 至 6000 元，想調到 5000 元以上，不只看年資，還得視國際得獎的經歷有無定期累積，是否有代表作、有無跨展到海外。

● 提供工程報價原則減少業主裝修壓力

扣除設計費，工程款報價也是業主心中另一個坎，當對方毫無頭緒，或是有比價可能時，建議提供報價前取得共識，提供一些方向先給消費者參考，像是新成屋每坪需要多少費用，中古屋有拆除隔間問題，外加基礎工程重做等等，讓業主心裡有底。

原則 **01** →初始預算的正負幅度調整

可以在先前所提到的合作說明書中，與業主事先溝通首次合作說明書所談總價部分，因進入挑選建材及施工人員之金額未定，其最終總價將以初始預算的正負 20% 為依據。

原則 **02** →舊屋翻新費用調整

舊屋翻新案件，因室內拆除所產生之隱形追加費用（如漏水、壁癌等），會先請專業人員進行估價，本公司皆列為追加款項。

原則 **03** →室內裝修許可費歸屬

室內裝修許可費用，需與代辦人員後續溝通，並至工地現場進行勘查後，再行告知所需款項內容。

以上這些都是設計公司需要在一開始就要通知業主的重點事項，這不但能讓雙方的工程得以順利進行，也不會讓客戶在付款上產生過大的壓力，讓彼此合作愉快。

●●● 影響工程預算泡泡圖 ●●●

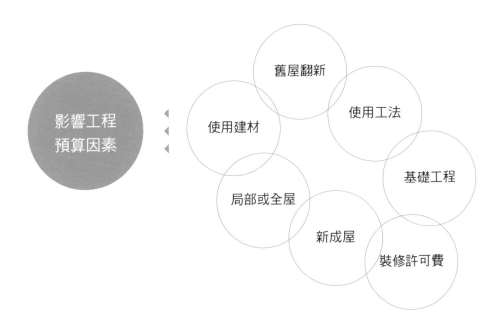

 管
 理
 筆
記

一式面單防比價落跑

報價單可分面單及條列式報價單。面單就是初步報價，內容會列出木工、泥作等大項，以一式帶過。當業主索取報價時，可提供面單，並告知報價資料非正確資訊，讓客戶帶走，對公司誠信會有問題，懇請對方見諒，而細項報價可和對方說明須回去調整，約下次見面討論。

另外，討論報價時，相關決策者盡量一同到場，可在當次見面時給予三個下次可以見面的時間，讓對方回去考慮，或當下約到下次見面時間，從中判定客戶合作意願。

RULE 09

資料庫制度文字化（七）
廠商款項給付訂條文
保障工程順利雙方合作愉快

與 B 廠商閒聊，發現對有些設計公司的付款方式頗有微詞，不是砍廠商價，不然把票期拉更長，接那些設計師案子，多少有些啞巴吃黃蓮，到最後變成能避則避。追根究柢，部分原因是設計公司尾款收不齊，甚至被客戶拖款，為保持利潤，只能轉向來壓廠商。

收放款留意配比，
不怕周轉出問題，
按工程進度即期票付款廠商，
大家合作更愉快。

廠商（包含工班在內）是設計師的軟肋，不少人的合作方式是採口頭約定，憑著多年信任或多次合作愉快，深怕白紙黑字會打壞交情，孰不知這也是經營問題之一。因為有可能發生提早要求付款，或支付款項後不進行售後服務維修等狀況，造成設計公司左右為難。

為避免風險，之於廠商，最好也有簡易合約與報價資料，合作才能有所依據。

● 簡易合約註明拆階段給付

與業主簽訂工程合約後，代表施工工程正式展開，所有合作廠商陸續進場施作之前，設計師應和廠商們事先溝通，雙方以簡易合約協調好責任義務及付款方式，確保工程能順利進行。

雙方在乎的付款流程，一般明定訂金與尾款，訂金約佔 3 到 5 成左右，尾款抓 5 至 7 成，付款方式可在收到廠商報價單並簽訂合約後，支付訂金。尾款方面，通常採屋主驗收後支付，亦有完工後先支付部分尾款，但業主驗收修正調整後才給付剩下款項，這些皆要先說明清楚售後服務範圍，備註在合約中。

管理筆記

外包 3D 圖併入轉嫁成本

有些設計公司沒有 3D 繪圖人員，會將這部分業務外包，現下以張數計價，平均一張約為 3000 至 8000 元不等，且要視圖面的精細程度而定，至於是否要將此圖面列入合約內容，採主動提供或收費方式，就端看設計公司對於這件事情的評定為何。

● 聲明即期票付款讓合作廠商安心

可以讓施工廠商長久願意合作，原因無他，付款爽快不拖延，一拿到報價單，隨即拆分訂金與尾款兩次給付，另外則是款項採現金或一週內的即期票方式，讓廠商合作安心。通常將票期拉超過 3 個月或 1 個月的，會令廠商心有芥蒂，擔心設計公司是否營運有狀況，財務出問題，深怕自己做白工，所以當付款規定清楚，施工單位更願意主動配合。

合理分配工程款

當收到業主支付工程款、相關費用後，一定要先預留支付建材及工班的費用，剩下大約 20% 毛利再進行配比運用，例如周轉金約佔 5 到 10%、股東獲利約佔 10 到 15% 會較為適合。

如果公司為一人獨資時，為避免個人用途與獲利財務項目混淆，也請小心合理分配款項。

CHAPTER 4

高業績 10 技巧

從接電話那刻開始判斷成交率

談了老半天，圖也都畫了，最後竟徒勞無功；

這通電話來的用意何在？這些全是設計師隱憂。

室內設計不能隨緣就好，10 技巧落實成功率，業績給他衝了。

學習關鍵字

精準案源

· 建立初步篩選機制，
　過濾客源
· 除了口說技巧外的業
　務能力養成

設停損點

· 評估案件可行性，
　學會中途斷捨離
· 提問型話術，推演
　接案率

商品增值感

· 附加價值製造特
　殊性
· 售服助攻升級客
　戶 TA 與轉介率

RULE 01 外部形象建立初次見面渠道
讓業主快速認識你、認同你

和消費者初次見面，為建立良好形象，鉅細靡遺講了自家公司在工程上有多專業，夯不啷噹 30 分鐘起跳，逕自講自己想講的，完全不顧及對方感受，可惜業主往往聽不到 10 分鐘，便開始昏昏欲睡，原希望能藉此獲得認同，沒想到是份外尷尬。

初次見面，1 本公司簡介，簡要說明；

快速確立對方目的，

最後提問收尾，刺激合作率。

和所有企業一樣，室內設計公司會遇到各種可預期、不可預期和隱藏的風險。從最初接觸消費者開始，在電訪或來公司接洽時，案子能否成交，還是談了半天最後徒勞無功，就已經是風險的展開。首先，我們須釐清「接觸」不等於「成交」，想讓觸及轉成交機率大些，初次見面的有效形象傳達變得格外重要。

● 官網形象比只設 FB 更好拉攏魅力

許多人認為架設官網用處不大，有 facebook 粉絲專頁就能統霸天下，殊不知功能性有些許差異。Facebook 用來展示公司最新消息，能快速在第一時間與消費者分享，但資料覆蓋率高，較久遠的訊息不容易翻找，反觀官網能鎖住這類訊息。

原則上，官方網站資訊應該包含公司簡介、作品集、作業流程、媒體報導與聯絡方式，方便讓消費者即時搜尋設計公司相關資訊，毋須透過實際接觸才能認識設計師。而好的官網設計有訣竅。

訣竅 01 →分類整理媒體報導
將屬於附加價值的媒體報導與得獎歷程，分類標示，好比媒體報導可分平台屬性，若一開始報導少，可不用急著分類。得獎歷程也可區分成國內地區、亞洲地區等，得獎作品以 50 到 100 字簡介說明，好增添可看度。

訣竅 02 →作品至少要有 50 字說明
不少設計公司僅分類好作品，純照片示意，卻少有文字介紹，建議至少寫 50 到 100 字說明，讓作品更有魅力，消費者可即時認識該設計師風格與手法。。

訣竅 03 →聯絡方式追加需求表單

不管是從電話、mail、LINE 或官網接觸，除了基本連絡資訊，可增加 google 表單項目，讓消費者先行寫下相關連絡基本資料與裝修需求及預算，設計師好初步釐清客戶想法，達到某程度上的共識，再行回覆。要注意官網或官方社群平台資訊不夠紮實，消費者填寫意願會降低。

訣竅 04 →作業流程間接預做心理建設

簡單列出從與消費者初步接觸到交屋後的售後服務流程的執行階段，可讓對方在接觸公司前，心中有初步概念，這樣雙方在初次見面時，更能節省開會時間。

● ● ● 官網組成要素 ● ● ●

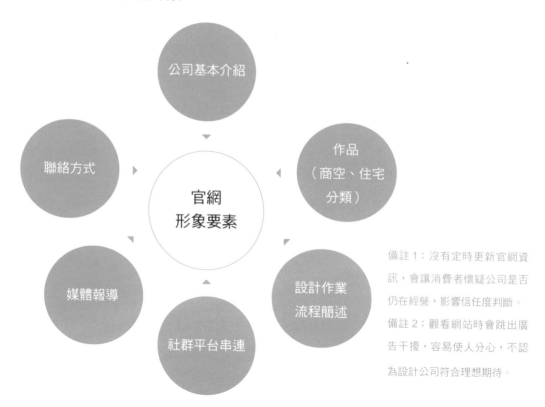

備註 1：沒有定時更新官網資訊，會讓消費者懷疑公司是否仍在經營，影響信任度判斷。
備註 2：觀看網站時會跳出廣告干擾，容易使人分心，不認為設計公司符合理想期待。

● 紙本介紹文件讓印象更深刻

公司的作品簡介介紹（lookbook）最好可準備一份紙本，雖然電子檔或官網都有相關簡介，但離開現場後可能就沒有記憶點，如果有紙本可給對方帶走就會產生差異化，給人的形象就會不同於其他工作室的型態，更顯專業與穩定感。

一本 lookbook 不用太厚，含封面封底僅需設計約 12 至 16 頁即可，因為這本介紹並不是作品集，主要功能是要讓消費者對設計公司產生強烈的信任感，因此逐頁重點式講解內容顯得格外重要，千萬不要只把型錄遞給對方就草草了事，這樣就失去製作這本型錄的意義。

那麼何時才需紙本介紹呢？如果人人皆贈送一份，豈不成本過高？所以絕對不適宜發放給沒接觸過的人。可將公司型錄寄給曾談過但沒成交的客戶，作為再度互動依據，亦可寄給服務過的業主，加深對方印象，好提高轉介率。

另外，當談論案子時，設計師如若能拿得出來，消費者預期心理有可能設定該公司是 3 人以上的設計團隊，有其專業度在，多少替成交率加了點動力，對設計師印象更深刻。

管理筆記

企業簡介影片強化價值

目前有許多設計公司拍攝「企業簡介片」，內容未必得有作品才能彰顯價值。可從裝修案的執行過程來分享，或許能抓住對工程細節有嚮往的客群。亦可從感性的角度出發，針對人跟空間的對應關係，以如何提升家庭間的凝聚力，或是企業與客戶、員工間的良好互動切入，都是不錯的話題內容。

RULE 02

來電三問過濾篩選
第一線擋住絕對失敗的案件

與室內設計公司開會的過程中,我們都會先詢問:「當客戶打電話來時,你們公司大概會問哪些問題?」這時多半會聽到設計師回答:「就詢問工地在什麼地方?什麼時候有空見面?如果沒問題就前往丈量了。」到現場才發現是白跑一趟。

接起電話,務必「目的確認」,
告知「基本流程」,過濾來客,減少做白工。

室內設計公司會由電話接觸到的客戶通常分為兩種:「純陌生客戶」與「舊客戶轉介紹」。不管是哪種類型,第一輪諮詢電話,通常得做好過濾篩選動作,又須同時避免引起消費者不愉快,所以得掌握「目的確認」及「屋況條件」兩大方向,事先與消費者溝通清楚,避免到現場才發現是白跑一趟的窘境。

● 第 1 問:分類客戶屬性心態

擔心消費者「來亂」純問價問圖,甚至只是為一面牆來諮詢設計公司,能否第一時間委婉告知公司承接案源屬性不等於消費者期待,多少可從客戶是「從哪來」判斷。

純陌生客戶,來電的原因也許是想找到適合自己的設計,也可能是想找到最便宜的設計團隊,空間只要可以使用就好,更有可能只是想要做局部裝修,換換老舊設備而已,需求範圍多元,相對不確定性高,得多花點時間與提問來縮小目的。

舊客戶轉介紹,部分可能是去過裝修的業主空間,喜歡其中設計而拿到設計公司資訊,部分單純身邊無認識室內設計師,經由朋友轉介,這些比起陌生客對設計公司的信任感,來得高些,合作可能性增加,但仍要注意對方由哪位朋友或親戚介紹,預先了解和介紹人關係。這樣可初步評估對方喜好與需求,回推想知道的資訊。

接著可再詢問「是否有裝修經驗」,如果對方表示有此經驗,在電話中就可以合理的詢問,為何不找之前的設計公司合作,藉此理解客戶的消費動機。

● 第 2 問：了解裝修的目的

當消費者打電話來公司，請別急著問工地在哪，急著約場勘丈量，經過第一步驟的試探性詢問，隨後便是要了解對方是基於什麼樣的理由而來電，倘若沒確認好目的，又或設計師對不想承接的案源，電話中沒溝通清楚，便直接前往工地現場，不但沒解決客戶問題，更浪費彼此時間。常見的目的篩選有：

篩選 01 → 局部或整間裝修

有些室內設計公司由於公司案量已走向一定規模，暫時無法承接局部裝修的案件，因此會在電話接洽階段，詢問消費者裝修需求，如果是局部裝修只能先行委婉拒絕，或詢問對方是否願意接受介紹適合的同業來協助服務。轉介給信任的同業處理，一來能減低客戶不滿，二能以分潤機制彼此互助。換句話說，這時你轉介紹給他人，改日他人也會轉介案源給你。

篩選 02 → 投資或自住

投資的案件通常交屋期短、比價率更高，對設計的完整性不若自住高，甚至追求價格極致低價化，選用建材等級也偏低，售後服務的維修週期也可能隨著租客變動而縮短，因此一些設計公司對投資類的裝修興趣缺缺，無法展現公司的設計實力，往往在第一時間會委婉拒絕。

反觀自住使用，可能會將設計美感元素及智慧控制概念結合至居家空間中，可依照家庭成員的習慣規劃，帶出不一樣的生活場域，整體設計規劃成為重點，在電話過濾時，得著實探出消費者目的，才能想出對應之策。

● 第 3 問：引導提供屋況與設計需求

不少人較感困惑的是：「我該問什麼，才不會讓消費者不舒服，又能獲得相關資訊？」生意沒做成不打緊，別讓來電者留下不好印象，引發其他負面影響，是基本原則。

最簡單的引導提問，可以先搜集消費者基本需求量表，從家庭成員、室內坪數、主要想裝修的地方、屋齡與建案名稱等等，有助設計師前往工地前，先行準備功課，這步沒有做好，後續可能得要多見幾次面才能解決問題，豈不有損自身專業度？

再來分析客觀屋況因素，這一般可區分新成屋、中古屋與預售屋三類，不同屋況背後隱藏後續裝修細節，舉凡預算、耗時與工序繁瑣，間接影響到規劃與投入成本。

判斷 **01** →新成屋

可以詢問房屋是毛胚、實品還是成品屋，因為這關係到裝修預算，通常毛胚屋意味室內空間裝修範圍更大，所需要的預算更多，接著可合理推測建材使用等級，會想用國產品牌抑或進口建材，對細節挑剔程度如何，尤其後者是高預算客群會在意的指標。

判斷 **02** →中古屋

如果是中古屋，首先且一定要問的是房子是剛買需裝修，還是自住要改建。兩者的不同點在於剛買房子的客戶，可能光頭期款就佔掉大部分的存款了，剩下可以裝修的費用也許就會減少許多；如果是自住改建，因沒有購屋頭期款的侷限，對於裝修預算就會多一些，設計的內容也豐富些。

預售屋通常需要設計師提早進場，主要關鍵就在於「客變規劃」，當客戶對於所買建案規劃的格局不滿意時，會找室內設計師協助格局變更，而這也是設計師第一步接觸到客戶的時間點。預售屋要特別注意的是「客變截止日」，如果超過當時建商所能客變的日期，這時就算有設計師幫忙也無能為力。

客變費用收取視情況當投資成本

是否要收客變費用，視設計公司想法而定，有些認為不用收費，將客變當做投資，可以有進一步接觸客戶的機會；有的則認為需要收費，畢竟需要出動內部人工，所花時間也不短，此時就會設定一筆費用，在雙方電話或第一次見面時提出報價。

●●● 來電問卷調查 SOP ●●●

STEP 1 從哪知道設計公司 ▶

【整間、局部裝修】
STEP 2 想裝修的目的
【自住、投資】 ▶

【坪數、位址】
STEP 3 基本資料
【家庭成員】

STEP 4 屋況類型 ◀

新成屋→：毛胚、實品或成品屋
中古屋→：剛買或自住改建
預售屋→：有無客變

●●● 忌諱的電話調查話術 ●●●

在電話往來過程中，設計公司在篩選客戶，消費者也同時在篩選設計公司，知道電話篩選問題，也要懂如何提問，有些問答會令人反感，嚴重點，可是會損失一名好客戶。以下是話術學習。

提問順序	不失禮貌的問題	讓人尷尬的問題
Q1	Q：請問您的房子是投資還是自住？ 優：直接提供選擇選答。	Q：你的房子是要做什麼用？ 缺：單刀直入不留餘地，怕有心防。
Q2	Q：請問過去丈量，現場有臨時停車格可停放嗎？ 優：推測對方是已購屋還是仲介身分，有可能對方只是試探詢問。	Q：你是仲介還是屋主自己來詢問？ 缺：非禮貌提問，容易挑戰對方容忍底線。
Q3	Q：請問當天您會自己前來，還是全家一同？ 優：試探性提問未來該案的主要決策者是誰，以免影響後續溝通討論時程。	Q：你是決定合作的人？ 缺：會產生「不是決策者，便不能與設計師聯繫嗎？」的不良反應。
Q4	Q：是要基礎裝修就好，還是希望有設計風格？ 優：由裝修範圍推敲預算。	Q：你的裝修預算大概有多少？ 缺：初次提問直接談預算，對方不會誠實告知，會先將費用打折扣，反過來試探設計師。

RULE 03

丈量面談模式 3 選 1
確認二訪機率讓案件不流標

業主一開始電話中只說房屋老舊，只想處理壁癌。設計師以為非裝修全屋，實際現場評估後，告知實際屋況，壁癌是連貫性問題，除了牆壁也要處理管線，這才打破業主心防，從局部裝修改為全室整修，成功拿到案子也提高裝修預算。

先見面再談細節，
丈量時機滾動調配，
打破消費者預期心理，成功簽約。

預約洽談之前，設計師擔憂的無非「因小失大」，不管對方是來店或來電洽談。消費者多半有預期心理，往往會把話打折，隱藏部分實情，有 200 萬預算也會說只有 100 萬預算，想全室裝修也只會透露部分訊息，用意在試探設計師的誠意與專業。

有鑑於此，會建議先約見面會談，運用專業細心跟對方說明為何需要到更高的預算來合作，逐步打開對方心防。特別是要聽到類似「我坦白跟你說」的字樣才能較具體執行，如若回應需要回去跟家人討論後才能回覆，通常為時已晚，因為回去後就沒下文了。為防止這類情況發生，可反過來：「我知道您需要回去跟家人討論後才能回答，但因為今天是您跟我們先接觸，是否滿意我們公司今天的簡報嗎，所呈現出來的作品跟你心中要的有相符嗎？」用來確認二次面談機會，降低流標機率。至於是否在第一次見面，立即進行丈量作業，這可根據見面的場合形式和公司規模體制，來做適度調整。

與業主首次在公司見面會報

當設計師與消費者在公司第一次見面時，可展現以下流程：

1. 影片介紹或公司品牌核心介紹

2. 搭配紙本 lookbook 簡介，進入作品賞析及經歷說明（含證照、設計與工程作業流程及得獎歷程等）

3. 初步了解客戶裝修需求

4. 接收訊息並概略回答客戶所需資訊

5. 說明雙方合作前之注意事項

6. 再次確認當日所談資訊

7. 結束會議

● 公司無好看門面可約工地現場面談

第一次與業主見面的地點要約在公司還是工地現場？約在現場，是否會有其他設計公司人馬一同進場，自己反成為比價的犧牲品？！設計師需了解面談的目的，是為了給予業主完善的公司介紹與裝修需求討論。能一對一洽談，自是爭取有利空間，坐下來討論則更棒。

不過，有個前提別忽略，自己的公司有無簡易裝修（後續有章節詳述，見 P.133）。公司內部空間有花心思及費用裝修，可以引導客戶先來公司感受氛圍，同時也讓對方了解公司的價值，再判斷是否該約時間丈量工地；如果內部空間沒有裝修，當然就約到工地現場與客戶會面，當下再慢慢釐清要討論的順序流程。

如果是到了工地現場會談，建議盡可能進行丈量勘查，省去二次造訪麻煩，除非對方表明不允許丈量才停止動作，這其實是個機會點，主因消費者一定要先看到公司規劃出來的圖面，才覺踏實，認為設計公司有在做事，有往下繼續洽談的可能性，反之能藉工地現場會晤優勢取得先機。

● 兩人以上團隊邊面談邊丈量

然而在工地現場，到底要先面談好，還是先丈量，基本上有三種模式，可先丈量後面談、先面談後丈量，或者一邊丈量一邊面談，每種作業模式各有其優勢與適用的公司規模大小。

模式 **01** → 先丈量後面談

適用於 1 人或 2 人以上團隊。設計師一進工地現場,先初繪室內平面圖,屋主則在周邊稍作休息,等待丈量快結束時,再電話通知邀請回到工地現場進行雙向溝通。

模式 **02** → 先面談後丈量

適用於 1 人或 2 人以上團隊。設計師先了解業主對空間有哪些期待和要求,向業主進行公司介紹後,再丈量空間範圍。

模式 **03** → 邊面談邊丈量

適用於 2 人以上團隊。設計師進屋後與業主確認初步房屋資訊,告知對方會有另一位設計師先去丈量,雙方則可以找個地方一同討論裝修想法及進行公司介紹。一邊面談,一邊丈量是目前經過分析後認為最佳的方式,至於丈量時應該有幾位人員共同出席最適合?普遍來說,台灣大部分的室內設計團隊多半在 5 人以下,因此強烈建議丈量時至少要有兩人到達現場為佳。

●●● 丈量面談模式比一比 ●●●

模式 / 分析	優點	缺點
先丈量後面談	1. 丈量同時，設計師可先找出空間缺陷，以便晚些與業主碰面時能發揮專業分析。 2. 不用讓業主空等，以免造成雙方在現場陷入尷尬。	1. 設計師單人採邊丈量邊記錄，較耗時，兩人輔助進行較佳。 2. 先丈量勘查後，才進行面談，會花雙倍時間，效率變低。 3. 案件成交尚是未知數，可能會影響公司其他案件的整體執行效率。
先面談後丈量	1. 能先讓業主在當下見面時留下好印象，感受公司內部文化與執行流程，使後續要討論的資訊能順利接軌。 2. 先了解需求，評估丈量必要性，可避免影響同期其他案件執行。	缺點雷同先丈量後面談模式。另外丈量時如有遇到空間其他問題，是面談當下沒提及，外加業主如先行離開，較難及時補充。
邊面談邊丈量	1. 由一位設計師與業主洽談，同時間其他設計師進行丈量，既省時間又能讓屋主感受到團隊分工的優勢。 2. 展現公司過人的經營能力，增加雙邊合作的可能性。	1. 需要人手比上列模式多，個人或兩人工作室，較不易應對。 2. 負責丈量的人若不熟作業，造成量錯現象，讓主持設計師重來一回，會顯得不夠專業謹慎。

● 二次時間確認測面談成功率

不管選擇哪種丈量面談模式，第一次與業主見面時，建議一定要進行「二次時間確認」，也就是測試業主到底有心還是無心與設計師洽談諮詢。

室內設計師與消費者面談通常採預約制，無論用通訊軟體或是電話確認預約，根據過往經驗，最好可以先用電話連絡對方，經確認後再發出通訊軟體的訊息，並且在雙方見面前兩天由專案設計師進行二次時間通知，成功機率會較高。

因為二次時間確認時機點其實很敏感，太緊貼面會時間或間隔遙遠都不是好事。根據歷年經驗統計，前一天跟客戶確認，改約率高達 60 到 70%，因為對方如果已經敲定其他約會時間，此時會很難挪出空檔而要求改期。

改在前三天聯絡對方，因離約定時間還有點遠，可能無法確定當天是否會有重要事情，改約率也會來到五成。在前兩天提醒對方是最適切的時間點，保有調整餘裕，改約率也能降至 30% 以下。

預寫表單可過濾廣告來電

裝修需求表單不僅可事先收集了解消費者需求，考量設計師每天除了要接聽工班、同事、業主的電話外，還有外界許許多多的來源，讓自己無法專心在工作上，官網改用表單填寫取代電話聯絡，可篩選過濾不必要的來電。

RULE 04

善用丈量製造好感度
深度雙向溝通提高成功率

A 設計師每每到工地現場總急著丈量，將屋主晾在一旁，其實多少有些尷尬，正當全神貫注，屋主好似沒留意到設計師臉色，不斷打岔問問題，弄得丈量的人心浮氣躁，不能專心，也沒能好好回應屋主，特別是大熱天，更使人厭煩不已，該聽的、該說的，都沒做到位，導致合作破局機率激增。

修正丈量面談模式，
製造好感度時機點。
適度介紹做過案例，提高成功機率。

到了工地現場，負責丈量的人員開始行動後，設計師除了遞名片給業主，還有哪些事要做呢？以住家來說，首先建議可請屋主帶著設計師繞屋況一圈，自玄關處慢慢跟著對方從公共空間走往私人場域，聆聽空間使用方對於室內裝修的想法、有哪些基本需求，這時設計師可以順著對方思維進入狀況做紀錄，亦可同步手繪簡易空間平面圖。

利用丈量時間點，製造讓屋主認同機會。畢竟是與屋主邊跟著動線移動邊討論，談話內容肯定是片段的，因會因現場丈量紀錄而被打斷，所以設計師需隨筆摘錄分類基本資訊，待雙方進入會議時，設計者就可依據這些基本資料，加上自身產業專業及經驗，初步分析實際執行設計時，可能帶來的衝擊與變化。

●●● 業主常見需求描述一覽 ●●●

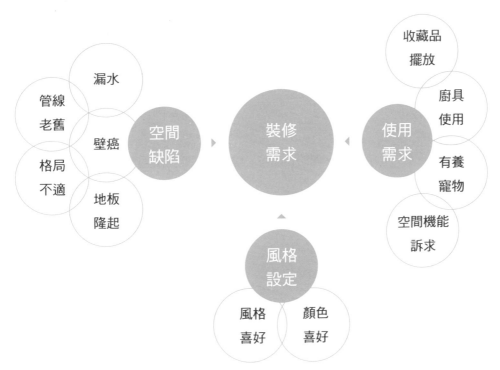

● 現場讓屋主有感專業與經驗豐富

無論選擇先丈量後面談、先面談後丈量，抑或邊面談邊丈量，丈量可說是決定設計師與業主間有效互動的轉捩點，現場必須讓屋主更有感設計者的專業度和豐富經驗，方能安心委託。這時可以選擇自我介紹，因稍早屋主已說明想要裝修的想法，藉此讓對方感受到內部品牌的運作模式與案件經驗，提升好感度。

有的則選在此時再次深入詢問屋主對於裝修的想法，運用內部已建好的表單及表格填寫補充，讓之後的初步平面配置能更加順利，等資訊確認完畢後，再與業主介紹團隊的歷程與簡介。

以上兩種作法都大有人在，沒有所謂的對或錯，只要依設計師的平日運作習慣來立定即可，任意更動反而得不償失。。

● 雙向溝通加速認同

值得注意的是，設計師在表達做過的作品時，與業主的雙向溝通，千萬不要草草帶過，因為消費者並未經歷過其他人的裝修過程，如果光做漂亮的簡報、僅提出裝修案名，卻沒有詳加解釋就太過可惜了，一定要加以說明該案執行上最困難、業主最滿意的地方等，讓過往作品更有意義及價值。業主才會更有感，產生共鳴。

下列兩個實例教學，一起來看看介紹案件不同的細緻度，帶來的差異表現。

實例教學 01

OO 先生 / 小姐您好，跟您分享這個案子是「中山李公館」，室內約 30 坪，三房兩廳的格局，預算約 150 萬。他們在找公司討論前，已經有找兩家設計公司談過，討論的過程中發覺我們的工程進度控管能力比一般設計師還強，才決定讓團隊介入承接。

案子裡最困難的地方，就是業主太太喜歡新古典風，先生喜歡北歐簡約風，不喜歡有太多線條。在初步討論時，兩位表示家裡原有舊家具仍要沿用，因此設計上更有難度，我們運用特殊的設計手法，讓原本室內有限的空間，達到基本家電的收納功能。

業主最滿意的地方，在於因為只有兩個人住，男主人是領隊，女主人是在航空公司服務，兩人常飛到不同的國家，我們在設計上就特別在客廳留了一面牆，記錄兩人的外出時間，也可共同討論彼此的行程，再加上運用不同材質做搭配，呈現出很不一樣的空間感，藉此更增加家庭間的凝聚力。

要
點
分
析

讓消費者有感公司的巧思與客觀評價

1. 重點式回應，快速滿足業主來找設計師的好奇心，建立初步信任基礎。

2. 有提到設計花最多時間的地方，讓客戶感受到該設計公司的巧思有別於其他公司。

3. 根據業主需求，挑選合適案件分享，且分享案例數量求精，最好不過三，但敘述的前後邏輯明確，製造高潮起伏，可令人記憶猶新。

〇〇先生／小姐您好，跟您分享這個案子是「台中〇〇」髮廊，地點是在台中〇〇區附近，當時業主跟我們初步接洽時，就有說明期望每個朋友來到台中時，彷彿來到自己的故鄉一樣，融合當地的文化與特質，坐下來享受剪髮的樂趣。

這個案子是前客戶介紹的，對方希望預算控制在 200 萬左右完成。在丈量時，得知主要為單層大坪數的空間，採預約的方式服務客戶；而在裝修前期，室內原本靠近門口是台式髮廊，後面則是以布幔跟前台隔開，用來成為員工休息或職場訓練的地方。

根據提出需求，認為室內應該是呈現簡潔俐落，若做太多的設計內容，反而讓客戶看不到自己被設計過的髮型特色。

要點分析

沒聚焦的簡短說明容易令人忽略

1. 沒確切提及該案業主滿意的地方，不知其心得條件下，引人狐疑是否有糾紛還是設計哪裡有問題。

2. 沒說到整個設計過程，制式化帶到空間規劃，較難使人感同身受。

3. 可以添加補充與前業主合作的原由有哪些關鍵，案件從何而來，消費者可藉機清楚公司獲取案源方向。

會面場地左右簽約氣氛
沒有記憶點就沒有成交空間

考慮白天都在工地監工，鮮少進工作室，就這樣辦公室平常以堆放雜物工具為主，無形中成了「雜物儲藏間」，也因為公務繁忙，疏於整理，所以和客戶開會，包含簽約在內，全都約案場或咖啡廳最方便，一方面也是怕看到自家工作室雜亂模樣，影響客戶觀感，就怕案子難談成，尤其大客戶更注重門面。

挑可製造記憶點場所，與屋主會報。
工作室遲早得換裝，打造基本門面，
好的公司內部形象可強化簽約氣氛。

在小地方表現貼心，也是能讓業主對設計師加深好感的重要加分題，特別是商談會面的場所設計公司辦公室是面談最佳場合，可增加與消費者接觸機會，又能展示各種軟件與建材，了解團隊接案狀況，不過部分設計師擔心「屋舍簡陋」會影響簽約，然而當不在公司時，其他幫助面談簽約的好所在，即便是選咖啡廳，也是有其注意細節。

● 公司內裝呈現要合乎定位才有用

設計公司不是單純將室內空間設計得漂亮，施工工具收納的乾乾淨淨就行，這須回扣到前面所說的品牌定位，否則將淪為室內設計大賣場。

方向 **01** →展現施工專業

定位以工法熟稔專業為主，會在展示過程中，採用不同工法的運作方式來講解，分為水電、泥作、木作、空調、弱電等形式說明，期望藉此讓消費者認同公司的施工專業。

方向 **02** →增加裝修作品臨場感

除了接待區、洽談區、建材展示區外，有多餘空間可一區區設置不同的設計風格，讓業主親身感受裝修後的清楚樣貌，同時展現團隊接案廣泛多元。不過要做到如此程度，通常公司規模較大，有二層樓以上的工作室，才能辦到。

方向 **03** →展露涵蓋的服務範圍

室內設計產業逐漸多，室內設計公司的專業也走向多元化，不少將觸角延伸至代理硬件品牌如：廚具、衛浴、系統板料等，以及軟件品牌，如：家具、家飾品牌、家電等，暗示業主未來可在該公司獲得一條龍服務。

●●● 設計公司內裝理想規劃建議 ●●●

備註 1：總公司在其他區域，只是單純的門市配置，這時就需規劃為「辦公區」、「洽談區」、「建材展示區」三大區塊。

備註 2：室內坪數較小，則會劃分為「接待區」跟「洽談區」，建材區就改請廠商針對案件需求送樣本挑選，亦可邀請業主到建材門市討論。

備註 3：公司規模大的，展示空間相對多元，人員辦公區會獨立一層，和其他展示區區隔開來。

● 非公司場合選臨近工地能長談空間

以丈量為例，能方便坐下來討論的地方就是好所在，但每種場合有它的使用限制。

場合 01 →社區公共空間或私人接待區

如果丈量現場位於大樓或華廈，避免在有許多外人走動的開放空間會談，間接影響會議進行。建議設計師剛到工地社區的管理室時，不妨先詢問管理員，了解社區內有無可開會的地方，這通常在一、二樓公共大廳或頂樓設有接待區。

場合 02 →工地鄰近咖啡廳或便利商店

丈量現場若為公寓、透天等屋型，因沒有適合雙方坐下來討論的區域，可找附近的店家洽談。建議設計師出發前，如果已知業主的屋型，可先做功課找尋附近適合討論的場所，待雙方初步見面有共識時，再詢問對方是否方便移駕到鄰近的店家深入詳談。社區若無接待區，也可適用。

場合 03 →工地現場帶小椅子直接談

當工地鄰近沒有合適商家，可坐下來討論，社區內也沒有較隱蔽空間時，直接現場洽談是唯一解決方法，但要讓業主感到舒適，展現設計團隊貼心之處，請備個 3、5 張折疊小板凳放車上，遇到這種狀況時就可以拿出來使用。

管
理
筆
記

工地現場用需求表單給初步建議

如果先前業主已先寫好需求表單，上頭列有裝修相關資訊。好比預算、裝修地點、範圍、案型、方便聯絡時間等等，設計師可在工地根據表單與現場交流，大略統整訊息，給予初步意見，這樣可提高後續成交機會。

4 高業務力養成法
輕鬆增加陌生客案源

資深設計師最大感觸是:「想當初二十年前光轉介紹客戶的案子都做不完,現在裝修媒體大躍進,資訊變得太透明,反讓自己接案更不利。不僅設計圖常修改,報價單更是有去無回,最後降低裝修費,心態改求有就好,依然無助業績,案子成交愈來愈難」!

有「文字 + 數字」的表達能力,
就有業務力,
清楚表明人、事、時、地、物,
不讓雙方產生模糊地帶。

的確早期成立的設計公司，所要準備的功課並不用像現在這麼多，認真做好轉介紹客戶，也許一兩年內就有足夠的利潤，但現在的社會環境已經改變，消費者除了一邊找人轉介紹，也一邊在網路上找喜愛的設計公司洽談，如果沒有感受到自己真正想要合作的設計公司，也不會輕易簽下訂單。

案子要成交，團隊需培養高「業務執行力」，從客戶一開始進入公司討論，到公司所展現出來的討論資料，甚至了解對方裝修需求之想法，全是業務執行力的表現，其中包含口語表達的文字能力、簡報的敘述能力，以及對數字精準掌握，在任何條件情境下，有損雙方權益的模糊地帶。

而有好的業務力，運用得當，不但可以有助於提高客戶的滿意度，還能達到高轉介。

換言之，即使是業績穩定成長的設計公司，如果想要增加成交率、與消費者的首次見面率，除了要有好的行銷策略，也須提升優質業務力，才能避免比價比圖的窘境並增加每場案子的毛利，讓公司正向獲利，成長更加穩健，不僅能在產業立足，更可使自家品牌擦得更亮。

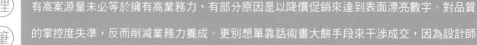

業務力不等於案件爆量

有高案源量未必等於擁有高業務力，有部分原因是以降價促銷來達到表面漂亮數字。對品質的掌控度失準，反而削減業務力養成。更別想單靠話術畫大餅手段來干涉成交，因為設計師心態不正，最後將導致案件的糾紛率極高。

●●● 高業務力養成 4 關鍵 ●●●

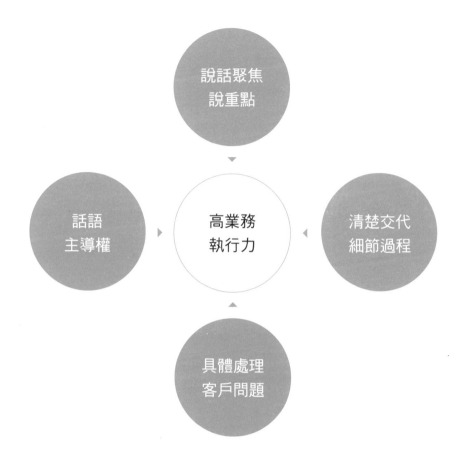

● 每次會談聚焦說重點

不少設計師在跟客戶開會時，討論內容容易渙散、沒有重點，所以培養高業務力，第一步得學會聚焦，說話說重點，適時切入核心。如果十句話能濃縮到更小的範圍，不僅能縮短會議時間，對方接受的意願也會大幅提升。

舉例來說，我們與設計師開會時通常會詢問對方：「當您跟客戶見面時，如果要介紹自己的公司，會如何進行？」這時會看見設計師用心在介紹自己的過往作品，這段說明就花費半小時時間，核心都還未切入，業主未必有耐性聽，愈到後頭，精神愈不容易集中。

有時重點還會放錯，舉例，設計師常會分享自己最具代表性、預算很高的作品，但最後客戶只用三言兩語話帶過：「不好意思，我知道你們的案子都很高級，但我沒有這麼多預算，這樣你們還願意承接嗎？」

當聽到客戶這樣的回應，就代表設計公司的前置作業不足，以及當天聚焦的對話太少，到頭來很可能只是浪費雙方時間。

低價搶案走不長

常聽聞有些設計公司慣性低價接案，再以不斷追加的方式跟客戶收取費用，這時客戶就算要拒絕也很難，畢竟房子都裝潢了，總不能半途而廢。短期看似能拿不少案子、賺取費用，卻不利長期經營，不但路會愈走愈窄，甚至有可能吃上官司面臨倒閉。

● 話語主導權收放自如

第二個增加業務能力的方法是控制主導權，這裡不是指大權在握，而是要能收放自如。

例如，在洽談會議上講到一半就被業主打斷，導致開會內容岔題，為拉回核心，設計師需補充：「您剛剛所提到的內容，等等案件討論的過程會提到，我們是否先繼續談下去呢？」試圖將雙方話題拉回至正軌。

另外像是與客戶挑選建材時，設計師別想著要主控一切，任意支配建材選擇，只為了完美貼切當初的設計規劃，這時得適度「放開」主導權，畢竟房子是業主要住的，雖然設計師也希望作品能完美呈現，但有某些材料是否也能有彈性調整空間，讓客戶可提出自己想法，有多一點的參與機會。

不過也未必代表設計師是遷就退讓。換個角度想，在 3D 階段，設計師已跟客戶核對完顏色方向，但在圖面上並看不到紋路與觸感，建議在雙方確認材質的過程中，盡可能將這層互動做得更完善，當所有材料挑完後，可以建立「材質表」與客戶確認後並簽名，以確保雙方的認知，設計師在某程度上亦掌握既有的主導權，更激增了業主對設計師信任感，起到加分作用。

少開空頭支票

為了搶話語權，展現自己專業，有的設計師喜歡講自己多厲害，可以做到其他設計師做不到的服務，開出很多最後根本做不到的承諾，這些都是 NG 行為，而且會在業界和消費者端流傳，後果自然會影響公司品牌聲譽。

● 能清楚交代設計裝修細節過程

一個設計案從源頭設計規劃至工程交屋，每段歷程皆需要清楚交代說明，意即能將「產品結構」（設計師製造的商品，即室內設計）從頭到尾掌握仔細。

如初步平面繪製需要五個工作天、第一次立面圖需要兩週工作天等，都要跟消費者詳細說明，切忌只跟客戶解釋公司的經手案件過程，但不表明各項作業點作業時間的細節。我們可以現在室內設計產業缺工缺料的嚴重情況為例，畢竟每個不同的空間，客戶都有不同的期待，若每個工期所控制的時間點落差甚大，建議設計師就要準備第二組，甚至第三組工班可隨時上場救援，防止工程期間的缺失點，減少客戶抗議抱怨。

所謂清楚交代每段歷程，主要是向消費者（客戶）詳細解說整個作業內容，這不僅能讓對方感受到設計團隊的專業度，也能激升信任感，不會處於狀況外，對於工程進度的延遲或超車，能夠心裡有底，避免造成雙方壓力。

參加社團也能拓展業務

不斷參加社團也是拓展業務之一，但是參加社團的人都知道你積極接近他的目的，雖然會合作，但是合作的過程中礙於有交情在，無法用一般陌生消費者的方式來對待，我們還是要具備陌生業務能力才是王道，其他只能算是附加資源。

● 具體處理客戶問題

最後一個至關緊要的業務力養成法是具體處理客戶問題，問題要回答到位。許多設計師只管著接案是否成功，並無放太多心思在解決對方的問題上，事實上在與消費者洽談時，設計師的眼神、手勢、口吻等，都能讓對方感受設計團隊是否良善。

這時再適度帶上一些肢體語言，表示公司的誠意與細心度，加上對產業的專業認知，相信客戶一定能有所體會，對最後要選擇與哪間設計公司合作，做出最明智的決定。

必須要清楚客戶要聽的不是話術，而是設計師具體解決問題的能力。雖然嘴巴說的頭頭是道也是種方式，但可能對讓對方產生不耐煩。

那麼業務力需要怎樣的「文字 + 數字」的能力組合呢？我們可以試想，當只有文字沒有數字的條件下，對業主說：「方便的話，可幫我們匯款嗎？以您方便時間為主」那麼何時才會是方便時間？又如何知道對方已經匯款，再度聯絡只是為了確認追蹤款項，多少引人不悅。但若改成：「方便的話，可否明天下午 3 點前幫我們匯款，成功後再拍憑據讓內部建檔？」

這只是其中一環，業務力涉及的數字，更涵蓋對工程、對精準數字、日期等說明等掌握度，愈是精準，愈有利公司經營管理。

RULE
07

推敲客戶期待預算值
圖面規劃不做白工是底線

每個設計師身上都可能發生過，每次跟客戶開心地進入會議流程，抱著期待離開後，當再次打電話給對方時卻：「你的名片我有留著，有需要會跟你們聯絡！」平面圖白畫了，時間金錢付水流。乾脆改收取丈量費或車馬費來杜絕不良客戶。

要案子才能活，別急著動丈量費腦筋；

可有條件收取費用，

但最低底線是絕不免費給圖。

會想以「收取丈量或車馬費」，做為篩選客戶的依據，盡量避免掉自己認為不適合的客戶，人之常情，但有沒有想過萬一本身該準備的資料沒有備齊，一味只想接到好客戶，造成高度期待，最後事與願違！不過這並不是說收取丈量費不好，有的會待正式簽約時，將這部分費用轉做設計費，是可代扣款項。

追根究底，設計師在沒有詢問消費者裝修預算前提下，為展現積極能力，直接進入圖面規劃，這會發生最直接的問題就是不斷修改圖面，耗費時間及人力成本，還沒賺錢，便開始虧本。因此督促案件高成功率條件之一，便是從預算討論面向進行布局。

● 預算討論推演總價

一般來說，設計師規劃的方向都想打造出美的藍圖，但預算往往超過業主的心理預期，建議在第一次見面時，能先詢問業主大概的裝修預算再繪製圖面，結果將會比較靠近對方所要。

如果詢問對方心中的預算卻聽到：「我對裝修沒有概念，你們先幫我抓看看，再來做出決定。」建議設計師先以自身產業經驗分享過往案例狀況，以每坪裝修費用所需價格區間表示，可當場直接計算出大概總價，供業主參考。

另外，消費者不會在第一時間老實說預算有多少，我們可用推算演練來預估一合理區間帶，如果害怕答應業主的預算上會有誤差，那麼必須設立一個標準點來跟對方說明。

我們可用下列例子來練習。

業主 A 先生的房子是新成屋，目前的實際室內坪數是 30 坪，以公司對於新屋的預算想法，單坪約抓在 5 到 8 萬，如果以低標估算就是 150 萬。對方可能覺得預算過高會直接說出：「怎麼這麼貴，我這次裝修沒有準備這麼多費用！」

推算 ❶ →刪減設計下調費用
當業主喊預算貴，可直接往下說明：「如果您認為費用有點高，我們其實也可以往下調整到 120 萬左右，但是要先說明，假如調到這樣的金額，可能就會針對房屋的基礎工程來規劃，相對就必須減少較有設計感的規劃預算，原本櫃體可以請木工製作，因預算關係可能要改系統櫃，不知道這樣的方向您可以接受嗎？」

也許業主會說：「好吧，就依照你們現在所說的方式先設計看看，到時我們再來討論。」預算維持原來水平，或直接調成第二個較低費用，設計師同時旁敲側擊業主願意負擔的裝修費。

推算 ❷ →補充正負 15 到 20% 落差
如果當下說明裝修費用為 150 萬，可在會議上補充，團隊人員在回到公司詳細討論後，到時的預算於規劃期間，可能會發生材料商漲價或工班價格調高，而會有正負 15 到 20% 的總價落差，但設計師會將預算控制在這個價格區間內，要讓業主當場了解事後可能發生的重點因素，減少雙方認知上的落差。當預算確定時，設計師會安心一些，回去規劃圖面也較有概念，降低不必要的誤解發生。

● 初次面談設立材料水平線

當第一次與業主見面，以為對預算有基本共識，便能順風順水。我想是不足的，仍有些風險存在。假如原本預算 150 萬的三房兩廳，原先預計配置是日本進口特級衛浴，後來預算降到 120 萬，建材會有所調整，但當改用其他國產品牌，沒在現場直接約定，很有可能報價會不符合對方期待，最後更改得一塌糊塗。

倘使洽談過程中，無法取得共識，那麼此時該思考的是，並非想盡辦法接到這個案子，而是設定停損點。為避免走到這一步，建議設計師在簽約前、和消費者討論時，拉起材料水平線，手邊可以多準備一些建材的樣本，以普羅大眾較有印象的設備類材料為基準，從中好判別業主的喜好選擇與預算有無合拍，更能精準評估裝修費用。

待確立材料水平線後，便是進入選材階段，到底要用哪種建材才能滿足到消費者，我們可透過預設選材與開放式選材兩種模式來推出消費者的選擇。

推算 01 → 預設選材減少後續工程執行落差
設計公司在準備建材樣本及進行初步建材選購時，可採用「預設選材模式」，也就是公司內部先設定好屬於設計方所能掌握的材料區塊，像是櫥櫃門片、電源面板、矽酸鈣板等材料，將同等級的品牌、規格系列、價格帶等做好選配分類，提供給業主挑選，除了選料有所依據，讓彼此開會時間更有效率，也可減少後續工程執行上的落差。

推算 02 → 開放式選材共同議定少爭議
開放式選材模式意即需要跟業主討論的材料項目，像是油漆會談到色號及對色，須經

雙方確認完畢才可與油漆商下單訂購；天然石或人造石則會牽涉到花紋及觸感，設計師需要行準備樣料給業主挑選，或是到指定門市觀看大面積樣板，邀請材料商一同解說材料特性。這樣可避免未來施作爭議，也能確切掌握預算。

●●● 建材準確挑選 SOP ●●●

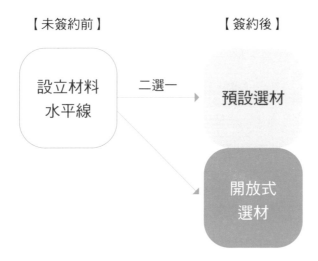

【未簽約前】　　　　　　　　【簽約後】

設立材料水平線　──二選一──▶　預設選材

開放式選材

管理筆記

以好攜帶的紙本樣品現場討論

要推薦給業主的建材清單，應盡量以紙本類的材料為基準，不需攜帶過於繁重的樣本，目的在初步了解空間需求者對於材料的認知程度，測試業主的喜好及可接受程度。此外，與客戶談案前，在公司內部已透過「預設選材模式」，設定好本身可以接受的材料品牌並做好分類，當天雙方討論時也比較不會手忙腳亂。

● 雙方達成附加收費共識

附加費用是指設計與工程費外的額外補充費用，其中包含原物料上漲補貼或是更換設計與用料產生的價差補充或折扣，這些必須和業主事先溝通，合約化文字，避免日後產生誤會嫌隙。另外，有些設計公司會有丈量費與車馬費等的額外支付，不過未必大家會對該費用買單。

以剛成立不到 2、3 年公司來說，有案量需求且知名度尚在培養，丈量車馬費收取會不利品牌建立，不妨將出門丈量當成初期投資成本一部份。反觀有固定案源，媒體有一定聲量，可利用丈量或車馬費來篩選客戶，多少能減輕公司耗損。

至於丈量費或車馬費該怎麼酌收才合理，一般而言約抓 2 至 3 千元不等。甚至有條件酌收費用，像是出圖費等等，待後續合約簽訂，做部分轉讓折合成設計費，未嘗不失一折衷方案。

RULE 08 制定中途停損點
頻推託、頻要報價是風險警報

與客戶第一次見面後:「團隊會先回去安排圖面繪製,等快完成時會再跟您聯絡!」兩週後,再次聯絡時:「你們要不要先傳真或 mail 給我看圖,我最近比較忙,沒有時間見面,可以用 line 在上面溝通就好。」最後,遲遲約不到人,不然再三延期,案子大概默默地無疾而終。

聽到推託得有警覺,

給 3 時間點選擇,不容推遲;

給圖未簽約,修改次數要限制,

超過底線,技巧性喊停。

當業主告知近日忙碌沒時間，遲遲未確認下回面談時間，好定案後續設計圖面，此時設計師敏感度要多訓練點，因為這有可能是案子不成交的警訊，即使一再延宕，極有可能讓數月完工的案源，延後收尾，耗費時間成本相對磨損掉利潤。所以，設計師需先設定好停損點時機，另外還得設好台階讓雙方安全下莊，保留未來合作空間。

例如，當修改或討論次數超過 3 次，可暫停合作，或遇到業主態度容易反覆，可事前說明後續如果不合作的付款機制，看是畫多少圖面便收多少費用，並告知手邊同期近期進行案子，會在指定時間內再與業主聯絡，給予對方緩和思考的時間之餘，讓雙方各有喘息機會，既不浪費時間做白工，更顧及大家面子。

●●● 波段式停損時機點 ●●●

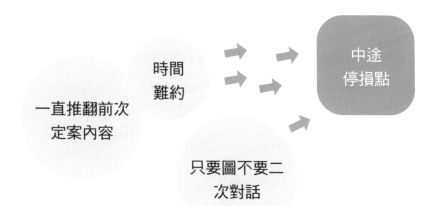

● 難再面談請先暫緩手邊動作

第一次見面時間改期情有可原，投資成本尚未正式開始，如果已經在工地現場丈量會勘，交換過建議與需求後，甚者在公司見過彼此聊了不少，那麼雙方離開前約好「下次見面時間」則很重要，這攸關會不會再次見到對方，而前期投資的成本，究竟該花1到2次見面成本呢，還是再多攤點其他挹注，好爭取案件？

重點 **01** →備妥3時間點讓對方難推拖

設計師與客戶開會前，請先準備3個可開會的時間表以利雙方選擇，當下第一時間若跟對方邀約失敗，請立即詢問對方第2個可以的時間，還可藉機觀察對方是否有意願繼續深談。提供小秘訣，建議雙方各自拿出記事本或手機來核對確認空檔，如若草草回應不需記錄，已記在腦袋裡時，可能是準備爽約的關鍵點。

重點 **02** →設定時間再確認

如果雙方約定成功，就是最好的結果。但若是沒有約定成功，客戶當下的確無法約定下次見面時間，這時設計師更應該說明清楚公司這端的想法，現場可設定一個時間點，再次進行確認。

重點 **03** →都無法約到人須禮貌性暫緩作業

面談過程融洽，自然希望雙方能再有進一步的發展，假使對方到時還是無法確認時間點，理由一延再延，從當下無法確定到隔日聯繫預約，連白日或晚上時段都難電話討論，心裡得大概有底，雙方無法合作的機會相當高。記得：「非常謝謝您寶貴的時間，希望下次討論的設計平面您會喜歡。」對於初步出圖、圖面修改、報價系統等流程先停止運作，優先暫停以減少設計者時間上的耗費。

● 工班建材費沒有共識是下個停損點

如果業主接受設計師初步設定的材料方向，在進行案件時就會更加順利，之後所規劃的建材方向誤差值自然較低，當下設計師也可以將當天初步選定的材料品牌寫進會議紀錄中，以防止自己事後失憶，也讓之後需要配合的同事們有基本對照資料，交叉比對減少失誤。

相反，如果材料水平線都設立了，隨後的選材推估也依遊戲規則處理了，消費者仍不能接受當下設計師所設定的材料方向時，就必須思考繼續推展其他品牌進行搭配，若是到最後多次來回修改，已經超過預期成本，雙方無法取得共識，設計師就要認真考慮是否暫緩進行。甚至辭謝承接此案，以免承接之後卻為公司帶來後續不必要的困擾，徒增耗損成本，不利管理營運。

又或者尚未跟工班及材料商確認完畢，便硬著頭皮拉低報價承接，導致後續必須向業主追加款，引起裝修糾紛。所以簽約前不只要與業主確認清楚預算，工班和材料商的費用也必須確定，才不會讓此類事件再次發生，互相產生好的信任基礎。

圖面回報不讓對方空等

有時業主會推諉見面時間，有時設計公司也會，當手邊案件過多時，遇到積極派業主，可是會擔心圖面無法如期交出，反希望下次討論時間不急著約。建議可以先多抓給對方的出圖時間，到時圖面若在原來約定時間前繪製出來，便可詢問是否能提前見面討論，盡量不要發生讓對方等待見面的窘境。

RULE 09

提問式話術主攻、感覺型輔助
危機也能變轉機

有位設計師在與消費者對話時，習慣問對方：「您感覺如何？您覺得這樣好嗎？」造成問題太過籠統，消費者無從答起，自然每次都得不到具體資訊，更不清楚對方內心到底想表達什麼，最後消費者只回答需要再考慮一下，造成案件成交率低。

改變提問方式，
減少感覺型與是非問答題，
讓客戶回答「好與不好」之外的答案。

高業績來自高業務執行力養成，其中的說話藝術就佔了大半能力鍛鍊。設計師除了主導話語權，更要學會試探對方，了解業主真正想法，才能有助案件規劃。經過雙向溝通告一段後，記得進入反向問題處理，簡單詢問「有沒有哪些想更了解的地方？」、「對於提案有無高度興趣合作」等問題，盡量讓對方說出自己內心的想法，才是成功的互動模式。

● 用反問方式套解反對意見

業主未必全順著設計師的主導想法走，會提出相反看法或不同意見來試探（徵詢）設計師有無更好的見解，不過，有時業主提出來的問題，設計師不一定現場有辦法馬上回答，而針對業主反對意見，要區別不同的情況，採取不同的處理方法。

情況 **01** →還想要更多訊息

假設業主反問：「你今天所談的過往作品都沒有我所想要的，還有其他作品可參考嗎？」無論自己有無做過相關作品，請回應：「因為是雙方第一次見面的關係，還不知道您所想要的裝修風格，這次因為有跟您接觸了，回去公司後我還會多準備一些跟您相關的配置方式，您就可感受到我們的用心，那下次見面我們先約〇月〇號這時間，可以嗎？」藉機反思如何回應較佳，還可爭取二次面談時間。

管理筆記

感覺式提問協助篩選客戶

反問式提問能及時對人事時地物獲取精準的數字，有助公司內部管理。感覺式的提問法蒐集的訊息相對之下較不明確，不利作業流程擬定，但仍有它適合場域，可用來試探判斷要不要承接客戶。

情況 **02** →說什麼都故意雞蛋挑骨頭

當在說明自家公司簡報，或提出案件裝修建議時，有些業主會時不時提出反對或質疑聲音，為了反對而反對。最常聽到：「你剛剛說的我都知道，之前有過裝修經驗，我們可以講重點嗎？」這時設計師的語氣請不疾不徐回應：「謝謝您的回覆，剛剛說的重點，其實等會的資料都會提到，我可以先繼續說下去嗎？」

利用反問法來讓對方暫時安靜，拿回話語主導權，會議才得以順利進行。若對方仍想提出意見，可請消費者列出問題，設計師再回頭準備一一提出見解。

情況 **03** →藉機帶走圖面比圖

有些業主會編織些理由，好拿到圖面與他人比較，像是：「設計師您提案不錯，但我家人沒來，可以先給我平面圖回去跟家人討論嗎？」無須與對方硬碰硬拒絕，利用反問法提出：「今天的圖面不是正式版本，等回公司後會整理出正確的圖面，下次可以約家人一起來討論，效率會比較高，您看下週三下午兩點時間在我們公司，您看方便嗎？」間接暗示拒絕比圖，也推測出該案的主導者為誰。

● 提問句比是非題更好懂業主需求

當設計師提出問題，但對方卻沒有任何回應時，此時可能要有心理準備，這場會議即將結束。舉例，「這讓我回去想想」、「還好，沒什麼特別想法」上述答覆不代表業主真的沒想法，背後隱藏的訊息有可能是提問的方式錯誤，讓對方難表達；亦有可能對這次互動略感疲乏，切不進業主核心，變成設計師自說自話，那麼我們得換個方式來提問，化危機為轉機。

NG 問法 **01** →

您好，今天簡報幫您準備幾種設計規劃，您有什麼感覺呢？

提示：別用感覺式問題，第一時間無法立即知道對方滿意度，直接問傾向哪種規劃。

NG 問法 **02** →

謝謝您今天的來電，想跟您約下週時間去現場場勘，不知道您何時方便碰面？

提示：究竟是下週幾，直接給選項挑選。

NG 問法 **03** →

今天已經丈量完成，回公司後會開始繪製初步平面圖，下次見面會看到，不知您本身可以決定簽約嗎？

提示：只是要試探確認決策者是誰，又不想尷尬提問，建議反問下次見面會有誰出席，若回答只有當初接洽者本人，不妨接著試問其他家人可以一起來聆聽，互相討論提供意見，藉機觀察業主決策權。

反對問題處理做得好，雙方往下走下去的機率相對提高，而最後一哩路 — 時間拉鋸，就要看設計師的業務本能了，原則上只要前面流程運作得當，後面成交機率自然跟著大大提升。

RULE 10

售後服務是設計最強價值
有效升級客戶對象同步拉高轉介率

有天和朋友吃飯,他說:「我的設計師從裝修後到現在從沒打電話給我,房子驗收後,好像人間蒸發,相較之前為了我這個案子,時不時噓寒問暖,一有問題找他,馬上給回應,現在比起來差好多,有點愛理不理,都沒感覺到什麼售後服務。」。

售後服務是兩面刃,

能增加客戶轉介,也是虧損來源。

有效期 + 有限度,

加強售後服務關係。

讓業主產生這樣感受，設計公司應意識到原本可當加分利器的售後服務，無端成了危機處理，站在經營管理角度，設計師到最後一關售服常衍生另一堆問題，不是售後服務的合理範圍沒有制式規定，就是保固書內容曖昧不明，導致客戶用了 2 年壞掉的嵌燈還得請公司同事協助，而且很難跟客戶收費的情況產生。

可見售後服務對設計公司來說，是兩面刃；以為這就是公司堅強的售後服務，其實這已經無形增加公司虧損。

但這並非鼓勵設計師鑽漏洞、別去拘泥售後服務，而是該去思考怎樣處理，如何建立一套有制度的售後服務流程，如何升級服務同時不讓公司為此疲於奔命，又能讓業主認同公司價值，協助打造品牌優質形象。

除此，想要增加客戶轉介，更得依靠良好售後服務，進而降低糾紛率，這是品牌價值提升的機會點，也是公司提高收費的絕佳時機。

管理筆記

不能把危機處理當售服

屋主發現問題提出，設計公司進行補救處理，補救一次可能在其心裡就被扣分，如果處理得不好，每補修一次信任度就會下滑。設計師在經營的過程中，有無在交屋後，設下標準服務流程，讓內部員工有跡可循，好從容回應屋主提出的問題。

但是設計師可以將售後服務當成危機處理來用呢？我們必須釐清觀念，事情尚未發生前所作的加分行為叫做售後服務，當事情發生之後，所產生的補救行為，這稱作危機處理，兩者不能視為同一件事。

● 保固書內容清晰化好遵守

當收尾完成後將進入保固服務階段，常會聽到設計師說：「保固這點我們並不擔心，因為跟業主只要合作過一次，就像一輩子的朋友，只要是我們所承攬的裝修業務，就會負責到底！」但其中隱藏的不確定性，像是到底保固是哪一天開始？哪一天結束？這些好像都沒個定案。有鑑於此，強烈建議當業主將尾款支付完畢後，設計師可出示保固書，裡面則要清楚載明：

重點 01 →保固起始日

清楚羅列保固起始日，業主較能理解從哪天開始進行保固行為，最後一天保固日是何時，註明超過時間點，如有維繕行為發生，視服務範疇與內容收費。

重點 02 →友善提醒

如果內部還有多一些時間，甚至可以在保固期限前一個月，先致電業主告知保固期限將到期，與對方確認還有哪些項目需要再行補強。當某些項目可能已超過保固時間點，雙方則可再確認是否額外收費，做到真正強而有力的售後服務。

重點 03 →保固範疇

除了時間，還有保固服務範圍，合約內需載明清楚。例如油漆、五金、木作系統櫃或設備類等等，說明保固範圍與處理項目。

若是售後保固服務能做到這樣的程度，設計公司的品牌魅力將會大幅提升，自然跟同業間就有了差異性。

● 文字化售後服務機制

以裝修驗收最常見的「油漆龜裂」來舉例，遇到業主在交屋後提出時，通常會有以下三種處理方式，不過無論是何種售後服務機制，重點都是要「明確化」，並且運用資料文字化的方式，讓員工能跟進才能達到真正的品牌化營運。

方式 **01** →未評估立即修補

由公司內部直接指派專案設計師聯絡油漆廠商協助處理，但因未到達現場先行評估，或是未告知屋主是油漆本身問題，還是建築本身的結構問題，很可能造成修補事後無效的窘境。

方式 **02** →已評估適性修補

倘若已確認過現場狀況是油漆本身揮發作用，受熱脹冷縮影響導致生龜裂，再行修補，但很有可能補過一次後，油漆會再次裂開，當然也有可能是壁面泥作過程的建材特性所引發，售服關鍵在事後再次修補的狀況還是很有可能發生。

方式 **03** →已評估等階段點再修補

更專業的設計公司會告知屋主剛裝修完畢，油漆龜裂屬於正常現象，建議屋主等房屋室內龜裂到一定程度時，會統一在某個時間點一次處理完畢，這時的修補狀況才是最佳修補時間點，同時也會告知屋主，若龜裂狀況是跟牆面本身材質有關，可能需要在表面增加一層板料，施作後再重新上油漆，狀況才能有所改善。

● 負責專案設計師做後續追蹤

不過許多設計公司在案件裝修完畢後就鮮少主動聯絡業主，原因是光跑工地的時間就不夠用了，根本騰不出來時間關心客戶，其次是因為內部沒有「客服部」的概念，無法在保固內進行追蹤管理。建議公司可在內部制度內，請當時服務業主的設計師協助進行後續追蹤，畢竟當年案子是由他溝通，他一定是最清楚狀況的人。另外得視公司營運規模，調整售後服務作業。

模式 01 → 3 人以下給專案設計師
公司規模小，人力資源有限，由原處理的專案設計師負責售服，會比他人更懂屋況，了解整個裝修過程，對業主來說都是熟面孔服務也較安心。

模式 02 → 3 至 10 人請行政助理協助
超過 3 人以上 10 人以下體制，售後服務可能就會交由行政助理來協助，但主管要清楚交代那些時間點要跟進業主服務，如瞭解五金是否脫落、板料是否有毀損問題等。

模式 03 → 10 人以上規模獨立客服部
當公司案量愈來愈多，小型 2 至 3 人無法負荷，所需人力也愈來愈多，勢必擴大營運，相對跑工地次數也增加，繪圖時間自然也增多，以應付龐大案量，這時候會須需要獨立的客服部門，好達到最佳的服務狀態。

●●● 追蹤管理模式 ●●●

3 人以下規模

專案設計師處理

追蹤管理

3 至 10 人規模

行政助理協助設計師

10 人以上規模

獨立客服部處理，專案設計師從旁協助

管
理
筆
記

保固期後也要保持聯絡

售後服務要維持多久才適當，過保固期後，是否可不用再跟客戶聯繫？照三餐的噓寒問暖倒是不必，須了解保固期內的，稱作客服資訊，保固期後的聯繫是在加深與客戶的關係，偶爾電話關心，讓業主感受到該公司的負責態度，但切記不要太過，否則會形成另類情緒騷擾，給人壓力。

● 服務升級建立深厚信任感

在售後服務的過程中，建議設計師可納入兩個服務升級要項。

升級 01 →轉被動為主動

台灣傳統的設計公司大多屬於被動服務，等到業主來電時才去現場處理，但如果能事先布局，其實是可以大幅減少客戶的不滿。關鍵就在抓住兩個黃金時間點，一是裝修

好 1 至 3 個月後，主動關心業主的屋內使用狀況，並詢問有無需要改善的地方，二是保固期為 1 年，可在裝修完第 11 個月時，主動致電向業主說明保固即將到期，屋內有哪些保固範圍內需要改善之處，在這個時間點一併處理完畢，讓屋主感受到雖然已經交屋許久，但設計公司的關心並不打折。

升級 02 →建立 CRM（客戶關係管理）系統

對於中小型的設計公司，可運用相關簡易客戶建檔軟體平台建立資料，內容含有姓名、電話、地址、簽約業主性別、裝修起始日、保固起始日、案件類型、裝修原因及其他備註事項等作為依據。將這些資料建立起來，才能在事後對客戶進行有系統的服務，而不是憑著感覺回想過去發生的事，最好在每個案件交屋後，就由該專案執行的設計師自行建檔案件資料，並在公司建立共同資料庫。

管
理
筆
記

建置客戶資料與維護

建置客戶資料與維護絕不是公司負責人才有的權利，而是在公司內不管對上或對下都能有一個溝通標準，讓內部行政人員也能在同一時間處理問題，達到執行效率最大化。與客戶間的維繫做得好，也不用怕員工將客戶帶走，建議可由行政人員負責確認業主的合作歷程，再配合上有規則的訓練流程，讓公司對外的品牌形象一致，給人一種安定的力量。

CHAPTER 5

做出差異
別只是喊喊而已！

時代、環境變化大，滾動調整才有贏面

能帶給消費者哪種附加價值、做到同業差異化，

製造品牌魅力，才能繼續往上邁向更高階，

單靠設計和工程管控能力，容易停滯不前。

學習關鍵字

高敏度培養
· 設計手法跟上時代
· 懂從趨勢找商機

品牌黏力
· 擴充附加價值
· 服務差異化吸引高階
　客層

零糾紛高回頭率
· 事前準備
· 揪出預防性失誤
· 總驗收以外的階段
　驗收

Branding Value and Differences

設計「口味」跟上時代
從流行趨勢找新商機

RULE 01

早期和業主談規劃會用到材質板，將對方需求與喜好選擇合適的樣本板材放一起，讓業主確認是否符合要求，不過因為製作尺寸較大，若是配置項目較多，攜帶上也不是很方便，加上只是取一小塊樣本，難窺見全貌，較難滿足想像，相對容易引發日後施作糾紛。現在拜軟體進步所賜，可利用軟體將需要的素材任意置入替換，3D 擬真模擬也有助業主想像空間。但對老一輩設計師來說，頭疼的是新技術學習，可能要比年輕設計師多花點時間適應，可一切值得嗎？

善用現代科技補強設計技術，
愈能事半功倍，愈能減少成本耗損。

隨著大環境的變動，室內設計產業面臨的衝擊也不斷變化，從少子化到高房價，健康和環保觀念每每更新議題，形成莫大變數，影響設計師未來在設計工程與經營管理上的策略調整，與其被趨勢追著跑，不如主動了解趨勢，才能讓公司營運更完善健全。特別是其中的設計手法，渲染層面最大，因為設計是公司主要獲利財源。

● 回頭檢視 3 大趨勢的設計策略

不久前從房仲朋友口中得知，現在依然可以感受到房地產買賣的風潮，但成交的屋型已經有所轉變，以住家來說，可能從原本三房、四房的格局，轉換成兩房、一房的格局。再加上國家發展委員會 — 人口推估查詢系統中的資料顯示， 30 年前台灣的年出生人數約 32 萬人，如今只剩不到 15 萬人口數，這代表人口數的改變影響房產結構變動，連帶裝修市場也有變化。

上述只是表象，背後潛藏牽動著設計策略與手法調整 3 大趨勢，不可不知相對應之道。

趨勢 01 →少子、高房價帶動通用設計

雖說國內出生人口下滑，相對代表單身與銀髮族商機崛起。對於單身族群而言，更在意的是「自由」，隨心所欲地做想做的事，在裝修工程上，只要請設計師規劃出最適合的理想氛圍就好，這點站在設計師的立場倒也未嘗不是件好事，開放度更大更好發揮創意。

同時在社會少子化及高齡化之下，室內空間更需要考慮無障礙空間規劃，那麼設計師需熟稔通用設計，確保室內空間的運用達到最大化。

工程技術面進化

設計手法與
工法變動

建材利用
更動

流行趨勢 ▸ 裝修市場
結構調整 ▸

內部人員
結構調整

品牌增值手段調配

媒體策略

行銷管道

趨勢 **02** →毛小孩成為空間使用者之一

近年來,許多單身朋友將寵物視為重要的另外一半,寵物成為家中一員也晉升為室內設計趨勢之一,相較於傳統想法,對寵物宅的想法也與過去不同,希望住家空間能與毛小孩共享一片天地。

這時候的設計師不能不知道寵物適合的活動空間、牠們生活習慣、用餐方式等等是否影響到原本只須考慮到人體工學尺度的動線規劃,相對使用的建材有哪些。能替業主多想一步,貼心帶來形象加分,專業度也更上一層。

管
理
筆
記

掌握通用設計 7 大概念

1. 公平使用:設計要對任何使用者都不會造成傷害或使其受窘。

2. 彈性使用:設計需涵蓋廣泛的個人喜好及能力。

3. 簡易及直覺使用:不論使用者的經驗、知識,語言能力或集中力如何,設計的使用都很容易了解。

4. 明顯的資訊:不論周圍狀況或使用者感官能力如何,設計都要有效地對使用者傳達必要的資訊。

5. 容許錯誤:設計要將危險及因意外或不經意的動作,所導致的不利後果降至最低。

6. 省力:設計要可以有效、舒適及不費力地使用。

7. 適當尺寸及空間供使用:不論使用者體型、姿勢或移動性如何,設計必須提供適當的大小及空間,供操作及使用。

不管是住家或商業空間，在環保意識抬頭下，大家越來越在意空間帶來的「健康問題」，對於環境的裝修材料是否含有有害物質，或是使用空間的規劃動線是否會令人產生壓力等，也越來越更加重視。

再者，室內通風不佳、濕氣產生、黴菌滋生等因素，也是破壞人體健康的隱形殺手，這些致命因素事實上都可以藉由室內設計師的專業解決。所以設計師在選擇建材及規劃空間時，應該要更慎重考慮怎樣的材質與設計，對居住者的健康更有助益。

管
理
筆
記

也要知道綠建材相關法規

日前歐盟已經通過碳邊境調整機制（CBAM），於 2023 年起試行，初期的管制範圍為水泥、電力、肥料、鋼鐵、鋁業等五大高碳排產業，這項為了推動減碳、課徵碳關稅的政策勢必也將對建材產生影響。另外因應政策改變，有些建材與工班人力成本可能跟著波動，這亦會牽涉營利計算，設計師不得不注意。

● 多變性媒體內容改變設計公司行銷策略

不單生活流行趨勢，作為行銷宣傳手段之一的媒體渠道也在進化改變中。過去室內裝修的媒體單元稀少而珍貴，對外渲染方法單一好理解，想獲得高度關注，要投放高預算才能撐起曝光量。現在拜網路所賜，自媒體興起，大家對社群平台的接受度比一般媒體高，曝光聲量方法變得多元，連帶促使設計公司的行銷策略變得更彈性，運用也更多樣化，大家更愛藉由社群來做出差異性。

趨勢 **01** →數位社群平台替代傳統媒體

往日得仰賴傳統媒體協助報導，讓外界知道公司品牌魅力，如今數位社群平台活絡，也會想運用社群平台曝光宣傳自家優勢。社群平台最大功效在於能和消費者即時互動，尤其當設計公司有舉辦其他對外公開的行銷活動，社群平台會是輔助活動宣傳曝光的第一優先選擇，能快速攫取陌生客與熟客的第一反應，獲得最直接的反饋。

趨勢 **02** →視頻類媒材

跳脫傳統文字敘述魅力，改以動態影像大量圖片烙印記憶亮點，是時下閱讀習慣掀起的媒體產物，不少設計師會想要開頻道、架設短影音來展現團隊實力，運用影片來解說工程、工法，形塑品牌專業形象。

這當然有助設計公司營運，但建議剛開始運作的小公司還是以靜態性內容的媒體曝光為主，因為影音類需有較多資源成本製作，得花時間整理腳本、拍攝與剪接等等，不含上傳頻道或其他媒體平台，小公司正處於擴大案量階段，且人手不足情況下，以時間與成本控管角度來說，不宜貿然運用。

趨勢 **03** →複合型媒體

現在室內裝修新型媒體屬複合型態，除了協助曝光也能媒合設計公司提升業務量。另有一些透過不同感官媒介的媒體，好比 podcast 等等，雖說對設計師無實質助益，非第一優先考量，卻能作為品牌布局的手段方法之一。可根據目前定位與階段目標，選擇合適媒體投放適合內容。

RULE 02

挖掘放大新附加價值
提高消費者忠誠度

有一位設計師的先生是導演,經過跟我們討論後決定在每個案件溝通後,以腳本方式先設定情境,把各項設計因子放進案件中,再行進入配置,增加空間故事性,業主大多覺得這樣的合作方式有別於其他設計公司,修改圖面的機會也大幅降低。

從學習背景找到獨有附加價值,將價值聚焦放大,製造出差異性。

為何要極力鼓吹價值差異化,有部分原因來自社會結構轉型,以中產階級為主流的 M 型化社會,已經逐漸轉變成富裕及貧窮兩個極端點的 L 型化社會。中產階級在市場上慢慢消失,只有少數的中產可以往富裕階層移動,大多轉往貧窮這端,加上房價逐年攀升,可買的房子屋齡增大、室內實際坪數縮小,再再壓縮著設計師的生存空間,因此室內設計師在裝修市場上勢必得做出市場區隔,擴大附加價值,拉開同業差異,否則有損競爭力。

● 落實 SOP 製造差異化機會

面對 L 型化社會趨勢,可在下列 5 要點找出對應策略,拉出與同業差距。可讓公司品牌增值同時,在業務績效也會有所長進。

要點 **01** → 增加服務附加價值
舉辦收納師、風格佈置師等教學講座,邀請業主來參與,增加品牌黏著力道,信任感與形象也會正向發展。

要點 **02** → 提高自身溝通談判能力
設計師除了提升設計專業,也要進修精進設計以外的技能,才能具備更好的談案能力。

要點 **03** → 重視售後服務
重視售後服務的重要性,將流程明確化,並改變與業主間的聯絡模式,被動化為主動,讓業主有感。

要點 **04** →建立 CRM 客戶關係資料

有系統的分類統整客戶資料，不僅讓售後服務有效率，更有助於掌握客戶動向，提升合作機會。

要點 **05** →落實對內教育機制

內部教育訓練一定要確實執行，除了讓每位員工都清楚了解公司的各項流程，也透過討論溝通培養產業敏銳度。

● 用附加價值贏得高階客戶肯定

那麼室內設計公司可以增加那些附加價值呢？用新式手法取代傳統慣性處理。舉最簡單例子，我們和設計師溝通時，會在家具設計或是家飾配置的項目，不走傳統到店挑選家具的概念（多數人會去家具家飾店挑選軟裝，直接看實品最有臨場感，因為這樣不易出錯引糾紛），反而是由設計師自行延伸為有個性的案件訂作出適合的家具品，與打版工廠攜手合作。

方法 **01** →貼心驚喜

做豪宅案的設計師提供高端客戶國際禮儀課程，提升生活品味，有的在交屋時會製作客製化光碟或 USB，記錄整個裝修過程給屋主做紀念，讓屋主更有感。

方法 **02** →刺激品牌聯想

有些設計師會製作公司品牌的周邊商品，如香氛瓶之類的居家生活用品，當作成交禮或交屋禮，將公司 CI 形象用另種方式傳播。

方法 **03** → 善用科技

隨著科技的進步，從 3D 圖的展示，演變至採用 AR、VR 穿戴裝飾，將設計圖放置到設備中，模擬人因空間各項可能，如大人就可以在體驗過程中，得知一個只有 100 公分的小孩在使用書桌的高度及感受，在進入合約簽訂時機會更大。

放掉藝術家性格

在現實生活中要遇到一個預算無上限、隨心所欲發揮的設計案，出現的機率雖然微乎其微，但身為設計人對想做的設計還是會有所堅持，設計師在夢想案和順應局勢之間必須調整比例。這個平衡點要怎麼取得呢？誠心建議設計師不要執著只承接高階案，也要願意承接中階案；除此之外也要放掉一些藝術家性格，多接觸新的潮流，願意接受和學習，這些都能幫助設計師在夢想和局勢間游刃有餘。

● ● ● 附 加 價 值 生 成 鏈 ● ● ●

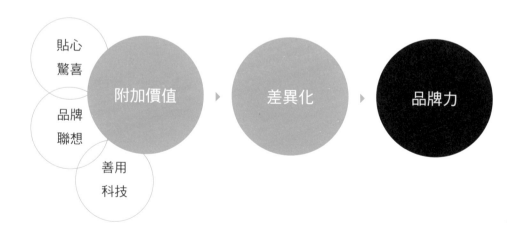

製造品牌魅力（一）
裝修流程分段確認
用貼心、細心換支持率

RULE 03

第一次提出圖面，因業主表示預算不足，家具採原木配置改成仿真皮材質規劃，等到下回會議看修改圖面時，又說：「無法接受修改，況且上回也沒有答應要換仿真皮的啊，設計師沒幫我們想。」因為業主搖擺不定，最後雙方在設計階段結束後就停止合作，工程則找其他統包合作。

階段性確認沒做好，
往往中途會喊卡而且容易不歡而散。

設計師在執業生涯中，難免會碰到令人心累的糾紛，好比當與業主討論圖面或確認建築材料時，是不是常發生當下已經確認完畢，但事後卻沒有共識，而且也找不出造成雙方有所爭議的起因呢？其實這是有辦法降低和避免的！階段流程雙方有憑有據逐一確認，即使承諾也有所依據，別讓日後有產生誤解機會，想解釋也後悔莫及。

● 資料確認要雙方都簽名才準

明明是做對的事，到後來卻難以收場，會遇到這類爭議問題，通常有兩個隱性層面，第一種層面是設計師覺得麻煩，認為對方當下答應就沒問題了，且不想要花費太多時間多做解釋；第二種層面是設計師內心認為要對方做確認性動作，是一種不信任的舉動，可能會引起業主感受不佳。

與業主之間互動，的確可能有些業主不習慣承諾他人，但認真想想因為憂心影響公司長期經營，選擇隱忍帶過，那才是有損公司營運，更不好帶頭管理團隊。

所以，在和業主討論的過程中，請務必記得要在兩個關鍵時刻做到當下簽名確認：

時機 01 →圖面修改

簽名確認雖然最常運用在設計及工程合約，但在圖面修改確認時，這一步相當重要！誠心建議設計師在圖面下方欄位要預留簽名欄，當業主簽名確認，除了表示可繼續下一階段的圖面運作外，並留下當天開會時間點以便日後回溯，同時留下負責的專案人員名稱，當案子一多時，才能回頭查詢當時案件是由哪位同事承接。

會議記錄也是很重要的一環,許多設計師常會拿一本筆記本,將業主需要修改的資訊記錄下來,但這樣要如何知道對方已同步確認呢?這時就需要有一份會議記錄表單,裡面除了清楚載明修改事項外,並有個簽名欄位讓雙方討論後簽名確認,確保彼此都理解與認同。

● 線上、紙本確認雙重保障

有了簽名確認的表單資料後,現場雙方也需要各自留存一份,無論是在公司列印或直接工地面談確認,臨時在附近超商影印都行。如果想展現公司團隊有制度化一面,可製作複寫本,請印刷廠協助製作一本專屬於公司並印有公司 logo、可複寫的會議紀錄本,做為公司會議使用,業主更有感。

當雙方在表格上簽名後,其中一聯由設計公司自行留存,另外一聯則交給客戶,另外也可細心的為客戶準備一本檔案夾,方便之後會議建檔及留存證據。

因應網路發達、通訊軟體使用頻率高的情況,另外一種處理方式就是在線上作業,藉由網路通訊軟體進行確認。設計師最常使用 LINE 來跟業主開設群組或私訊留言,建議適度引導對方,當公司這端發出確認資訊後,如果業主也認同,請業主在留言內回覆「OK」即可,這時雙方就有了依據判讀當時到底有沒有談過這些細節。

不過現在的通訊軟體附有簡訊回收功能，建議可以的話，線上與紙本可雙重確認，如若怕業主覺得麻煩，可在事先溝通作業流程時，說明公司作法，自然能避免誤會。

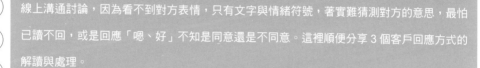

線上回應判讀

線上溝通討論，因為看不到對方表情，只有文字與情緒符號，著實難猜測對方的意思，最怕已讀不回，或是回應「嗯、好」不知是同意還是不同意。這裡順便分享 3 個客戶回應方式的解讀與處理。

1. 不讀不回：當設計師發出確認資訊，希望客戶能有互動時，若對方無所表示，甚至沒有閱讀，這時可能就要適度撥打電話關心對方，對於資訊有無收到，直到對方有具體回應，才算是完成雙方確認。

2. 已讀不回：對於此類狀況可以有兩種解讀方式：一種是「猶豫不決」，對方可能還在思考到底要不要繼續合作，雖然合約已簽，但還是有可能會反悔；另外一種是「滑過沒看」，因為現在人的手機資訊量龐大，群組或私人資訊都非常多，很多時候只是選擇性觀看，常常會忽略掉一些重要的資訊，遇到這種情況，設計師可能就要再次於平台訊息內詢問對方是否已收到訊息，才能確保雙方有共識。

3. 已讀已回：這是最好的互動方式，代表客戶有閱讀過所留言的資訊，當客戶方做完回應時，公司同事也應該禮貌性回應對方。

● 協定好共識再開工保障雙方權益

不只與業主的階段流程確認，和廠商之間的工作往來也需要先議定好再施作。因為事前達成合作共識，後面做起事來就能減少很多問題，例如：在開工前先將注意事項列入合作說明書，像是若要抽菸請到一樓，不得在業主屋內、不得使用屋內廁所等；另外也可以簽署簡易合約，協調好完工保固需參與，也明訂免費維修的次數、購買材料費用需另計等，保障雙方權益。

普遍來說，設計師都相當在意材料售出後，廠商服務的態度及方式，因此也必須注意材料商會有地域性的問題。

舉例，如果這間建材商在南部地區，工地卻在北部地區，而且建材商在當地無任何經銷商或是服務單位，則可能讓業主因產品毀損出狀況，等了一週以上才有服務人員到場維修或更換，這也會造成扮演中控者角色的設計師，在控管工程品質上非常大的困擾，最後影響消費者權益。

● 建材廠商的後續服務確定

所以，身為團隊運轉核心的設計師，需能了解合作的物料建材廠商服務狀況，該服務除了提供裝修過程施作無虞，更得確保後續服務無憂，加以妥善選擇運用，這樣才能減少糾紛惡夢。

挑選 **01** →找知名品牌求保障

選知名品牌材料商好處是全台都會有服務據點,服務範圍廣、施工人力足,不管工地在哪裡都能派人施工維修。也因如此,費用相對變高,需注意是否可負擔相關成本。

挑選 **02** →找小型建材商可即時了解現場

小建材商通常會跟著設計師到現場,工地施工到哪階段,有何狀況,心裡大概有譜,但有需要臨時維修,未必能立即趕去。所以須事先廠商確定能介紹在當地的施工維修人員,最好能先拿到人員的聯絡資料,好能即時安排處理。

至於要選哪種方式,沒有絕對得二擇一,設計師可通常根據業主需求與案件類型加以調整。如若希望售後服務好,指定品牌不介意預算,可尋求知名品牌合作;若追求實用性,比較重視預算,可選擇小型建材商合作。但不管選哪種,設計師需詢問建材廠商的服務範圍,是更換同廠牌全新零件抑或等值維修,這也會影響選擇方式。

管
理
筆
記

後續裝修服務可請人轉介

遇到材料商完全無法到場維修,這時設計師也可以請同業轉介當地可信賴的施工人員協助,盡快解決業主的狀況。但畢竟不是長期配合的施工人員,難免諸多不放心,建議可試探性確認對方施工的工具齊不齊全,如果他的「吃飯傢伙」都沒配齊,那麼可不用考慮合作。

RULE
04

製造品牌魅力（二）
好驗收帶來好客戶
不怕尾款收不到

已十來年經驗的設計師，過往以信任度高的轉介客戶為主，通常驗收不太會被挑毛病，但近年接觸的陌生客卻問題不斷，像是到尾款階段時，業主突然表示在網路上看到的產品價格跟簽約的金額有落差，認為自己買貴而不願意負擔款項，最後尾款被扣掉不打緊，雙方還為此鬧上法院。

驗收是設計師最大糾紛惡夢，

事前 3 準備，前中後落實分段驗收，

糾紛自然少。

「驗收」是許多設計師的痛點，因為只要驗收沒過，就無法收到案子的尾款，同時連帶也無法進行售後服務，更嚴重的是如果處理不當，很可能雙方就要法院上見。再進一步來看，驗收款項是整個工程款項的獲利命脈，關係到年度財報結算是否有盈餘。

在台灣以完整的裝修案件來說，尾款從最少 5 至 20% 不等，而一般的設計公司一個案件所抓的毛利平均 20 到 25% 左右，只要一個不小心，很可能就產生虧損。

而關於驗收，坊間多聚焦總驗收當天的流程說明，鮮少談到室內設計師的準備事項，但這也和公司內部員工有所關聯，如果處理得宜，不僅業主會大大滿意，設計師做起事來也會事半功倍。

● 預防性挑出驗收流程的失誤

與業主做最後驗收，該安排在何時？如果你的答案是在工程細清完畢後，才來進行，屋主只要一句話：「怎麼跟我當初想的不一樣！」問題已經開始累積。

失誤 **01** →沒用標準驗收表單記錄

在驗收過程中，設計師單寫筆記記錄，回公司後再根據筆記內容聯絡需要維修的工班師傅來處理，當場並未同步業主方核對過及確認，反造成驗收糾紛多。

失誤 **02** →二次驗收時間沒準確告知業主

離開現場前，針對驗收瑕疵維修調整得另外約時間，沒在當下通知業主二次驗收時間，

未考慮到業主的心理感受，不知房屋何時才能驗收完畢，自己可入屋使用的時間也無法準確掌握，這些不確定性都可能引發雙方裝修糾紛的各種因素。事先推演發生失誤的任何可能性，或許能避免一些爭議風險。

● 分段布局減少驗收缺失

讓驗收順利完成並收到尾款，需要將驗收分為三階段：「總驗前布局」、「中端工程進度控管」、「後端收尾」，清楚羅列每階段必須執行的任務內容清楚明確，不但驗收輕鬆許多，最大的優點是不用每次只能由負責設計師本人來處理，其他同事也可以依照階段流程協助執行。

階段 01 →總驗前布局

總驗收前，通常會有「小驗」的細節，這可依照工程收費階段同步檢驗。假設收費方式採訂金 30%、木工雛型完成 30%、油漆進場 30% 及尾款 10% 的模式，先不看訂金，當工程進行到木工雛型完成時，同步邀請業主到工地進行檢驗，確認無誤後同步請業主匯出這期款項，以此類推分段進行小驗收、收取費用。

階段 02 →中端工程進度控管

進入總驗收當天，一般來說，正統的室內設計公司在進入工程執行前，都會提出「工程進度表」，其中最後一項就是預計驗收日，當無法精準掌握完工時間時，建議要自動拉長與業主相約驗收的時間，別把時間點抓得太緊，才不會發生答應業主卻無法如期交屋窘境，這種情形小則讓客戶小小抱怨，大則可能會牽扯到扣除尾款等問題。

階段 **03** →後端收尾

當總驗收完畢後,還會有「二次驗收」,常見兩種情況:第一種是當場告知業主預定再驗的時間,此類型設計師經驗較為足夠,對於工班的掌握程度較高,多半是配合多年且彼此間默契十足;另外一種因所合作的工班不確定因素較多,需要多重確認後才能回覆業主再驗時間。無論哪種形式重點在雙方確認溝通無不良事宜即可。

● 總驗收備妥相關資料少一點誤會

在此提醒設計師,要讓驗收流程統一化,讓公司每位設計師都能完整掌握,原有的專業知識,給予客戶一致的服務與感受。請記得最好將階段驗收與此時的階段款項一同進行,過程中盡可能出示「驗收單」。若當階段驗收時,業主還有疑慮,就可依照當時驗收單的憑據條例,進行改善計畫。減少在總驗收時的風險,雙方是否簽名就是最重要的證據。而最後要做的事前準備工作,就是在與業主見面總驗收前,要先將相關資料準備妥當,包含:驗收單、材質表、該案系統平、立面圖,當天可以對照資料一一核對,減少雙方不必要的誤差。

管理筆記

方便確認的驗收單內容

驗收單上羅列的檢驗項目與缺失維修註記必須清楚易懂,不讓設計師和業主雙方各執己見。

1. 待修品項,如:木皮脫落、五金不順暢等

2. 空間分類,如:客廳、餐廳、臥房、浴室等

3. 工程種類,如:木作、油漆、系統櫃等

4. 設計師與業主簽名欄,確認後雙方簽名確認

5. 預留備註欄,記錄驗收中的其他事項

工程進度與款項支付關係圖

新屋 | 開工款 30% | 木工雛形完成 30% | 油漆進場 30% | 驗收尾款 10% 總驗收

木作天花範圍是否正確，再蓋上板子

油漆色號確認再上色

中古屋 | 開工款 30% | 泥作粗胚或隔間骨架完成 30% | 系統櫃進場 30% | 驗收尾款 10% 總驗收

讓業主明確看到隔間

確認油漆色號、板料、五金

● ● ● 4 驗收流程優缺比較 ● ● ●

驗收法	內容流程	特色
定點定驗	設計師拿著當時繪製的圖面,或是工程報價單做為驗收依據,帶著業主一處處檢驗。	依據型號、數量、品牌等資料比對說明是最嚴謹也最耗時,但可減少雙方事後的補救行為。
定點不定驗	與業主一起從入口處開始說明,是由外而內的驗收方式,雙方確認該點核可,才往下一處。	所耗時間較短,但業主同步也能感受到尊重,是值得參考的方式之一。也是目前多數採用方式。
不定點不定驗(雙方在場)	設計師停留屋內某處,由業主自行前往各處,當察覺該區域有問題,再請設計師加以說明補救方式。	設計師方較為省事,但由於並沒過雙方同步確認,且無留下紀錄及證據,難劃分權責界線,造成日後紛爭多。
不定點不定驗(雙方同時不在場)	設計師不到現場進行驗收,只通知業主自行現場檢驗裝修狀況是否核可,如無誤就請對方匯出尾款。	因設計師不在現場,無法收尾的狀況相當多,與業主糾紛機率很可能高達60%以上,導致日後轉介率也會降低。

備註:因應驗收方式不同,巡視動線也有所不同。常見有2動線,一是分「公共領域及私人領域」進行驗收,二是依離大門最近的動線開始,從外而內帶領業主一同了解裝修內容。

● 找出自己的藍海

最後，想分享準備即將進入室內設計產業的從業人員，或是成立不到十年的設計公司，不要因為看到這本書後，害怕繼續或進入這個產業，而是要感到慶幸，終於在本書裡面找到內心的解答。

產業不是只有手裡握著設計規劃的能力及工程執行的專業就可以存活，它也是一個企業的生命體，像近來政府在推動的 ESG 計畫裡，要求越來越多上市櫃公司都要跟進針對社會、公司治理、環境永續等議題，如果設計公司想接到一個大型辦公空間案，卻又不知當中該如何因應，那要如何才能接到這完美的案件呢？值得省思。

室內設計是非典型的服務業，也是有別於一般製造業的行進模式，找到適合自己的經營方針，不要盲目地相信單一答案，多聽多看產業資料，同時也多參考其他產業的經營方式，找出一條藍海大道，你一定會成為產業的明日之星。

Notes

設計人上場前
要知道的實務應用

DESIGN & MARKETING

除了設計
其他都不會
那怎行！

國家圖書館出版品預行編目 (CIP) 資料

除了設計其他都不會那怎行！設計人上場前要知道的實務
應用 / 洪敬富著. -- 初版. -- 臺北市：風和文創事業有限公
司, 2023.06
　面；　公分
ISBN 978-626-96428-8-5(平裝)

1.CST: 室內設計 2.CST: 施工管理

441.52　　　　　　　　　　　　　　　112007140

作者	洪敬富
總經理暨總編輯	李亦榛
特助	鄭澤琪
副總編輯	張艾湘
編輯協力	劉繼珩
視覺構成	古杰

出版	風和文創事業有限公司
地址	台北市大安區光復南路 692 巷 24 號 1 樓
電話	02-27550888
傳真	02-27007373
EMAIL	sh240@sweethometw.com
網址	www.sweethometw.com.tw

台灣版 SH 美化家庭出版授權方公司

IESG

凌速姊妹（集團）有限公司
In Express-Sisters Group Limited

地址	香港九龍荔枝角長沙灣 883 號億利工業中心 3 樓 12-15 室
董事總經理	梁中本
EMAIL	cp.leung@iesg.com.hk
網址	www.iesg.com.hk

總經銷	聯合發行股份有限公司
地址	新北市新店區寶橋路 235 巷 6 弄 6 號 2 樓
電話	02-29178022

製版	彩峰造藝印像股份有限公司
印刷	勁詠印刷股份有限公司
裝訂	祥譽裝訂有限公司

| 定價 | 新台幣 399 元 |
| 出版日期 | 2023 年 6 月初版一刷 |

DESIGN &
MARKETING

DESIGN &
MARKETING